見えない宇宙の正体

ダークマターの謎に迫る

鈴木洋一郎　著

ブルーバックス

カバー装幀／芦澤泰偉・児崎雅淑
カバー写真／TSUYOSHI NISHINOUE/SEBUN PHOTO/
amanaimages
本文図版／さくら工芸社
本文・目次デザイン／齋藤ひさの

はじめに

最近の20～30年間で、人類の宇宙に関する知識は飛躍的に増加しました。その一つとして、宇宙にある物質・エネルギーのうち、約68％はダークエネルギーと呼ばれるもので占められているということが明らかになっています。宇宙は開闢《かいびゃく》以来膨張を続けていることがわかっていますが、その膨張速度は一定でなく増加していることが最近、明らかになってきました。その加速膨張するためのエネルギーがダークエネルギーです。わかったような名前がついていますが、その実体はまだ明らかになっていません。

そして残り32％のうちの8割5分、全体の約27％は、ダークマター（暗黒物質）と呼ばれる未知の物質であり、我々の知る原子・分子などの通常の物質は、宇宙に存在する全物質・エネルギーのわずか5％に過ぎません。なぜこのような知識を持つに至ったかは、本文で説明することにして、我々の知り得た事実は、我々の知っている通常の物質は、宇宙にわずか5％しか存在せず、残りの95％は、実は未だに得体の知れないものであるという驚きの結果です。

大部分を占めるダークエネルギーは、その名前どおりにエネルギーの一種なのか、物質なのか、あるいは我々の想像をはるかに超えるものなのかなど、その正体への糸口は全く得られていません。観測データを収集し、分析するなど、まだまだ、研究の緒についたばかりです。一方、ダークマターは、物質としての存在は確かで、具体的候補もあり、様々な探索が世界中で行われており、明日にでも見つかるかもしれません。そこで本書では、通常の物質の5〜6倍あるとされる未知の物質、ダークマターに集中してお話しします。ダークマターの正体解明へ向けての挑戦物語です。

さて、宇宙のこれまでの発展の中で、ダークマターには重要な役割がありました。というのは、宇宙初期に誕生したダークマターの密度には濃淡がありました。そして、この濃淡が、星や銀河の形成に強く関与し、適量のダークマターが宇宙になければ、星も銀河も現在の姿にはなっておらず、宇宙は今我々が見るような構造にはなっていなかったのではないかということです。そのような状況では、我々人類も、当然存在していないでしょう。もちろん、ダークマターは、今後の宇宙の運命のカギをも握っていると考えられています。

ところがこれまで、宇宙観測によるダークマターの存在証拠は、主に、銀河や銀河団の運動の様子や重力レンズなど、重力が関わる状況でしか得られていません。光では見ることができない物質だからです。

「ダーク」マターという名前の由来は光では直接見えないことによります。ダークマターが存在していることは、様々な証拠からわかっているのですが、しかし、何であるかはわかっていません。その正体は全く不明です。ダークマターがあるというのがわかっているのだから、正体などわからなくても、それでいいじゃないか、と言う人もいるかもしれません。では、なぜ、ダークマターの正体を解明する必要があるのでしょう。

ダークマターは我々の知っている物質とは、後述するように、全く違った性質を持っています。多くの研究者は、新しい素粒子の一種ではないかと考えています。大きなスケールの宇宙と、その対極の極小の世界の素粒子は、実は、強く結びついています。宇宙の発展を、時間を逆にたどって到達する宇宙初期は、高温高圧の世界です。そこは素粒子の世界であり、素粒子物理学が宇宙初期を理解・解明するために必要な道具となります。

ダークマターも素粒子が主役だった宇宙初期に生成されたものと考えられています。したがって、ダークマターの正体を解明することは、ダークマター自身の宇宙の発展への寄与を明らかにするだけでなく、宇宙初期を解明するための素粒子物理学をより詳しく理解し、宇宙解明の道具をより精密なものにしてゆくことになるのです。

ダークマターの正体を解明するには、光で見えないダークマターと通常の物質の直接反応を、重力以外の手段で「見る」ことが一つの有効な手段となります。「見えない」ダークマターを、実験室に設置された検出器で直接観測するのです。検出器に使用される「標的」と、ダークマターが反応して、「見える」信号を出すと考えられています。このような観測・実験で、ダークマターの素粒子としての性質を明らかにしてゆくことができるのです。

私は、俗に実験屋と呼ばれる研究者です。実験屋は実験や観測を行って、研究を進めます。そのために必要な測定器の製作もします。ある理論を検証・実証するような実験・観測もしますが、見つかっていない新たな現象や事実を探索する実験もします。しかし発見を目指した多くの実験が、当初の目的を完遂できずに終わってしまいます。「運良く」発見ができた実験の後ろには、そのような屍《しかばね》が累々と積み重なっているのです。

運良くというのは、少し語弊があるかもしれません。当初目的を達成できなかった実験が偶然大当たりを引き当てる場合もあります。しかし、目的は当初と違っても、幸運の女神が微笑むのは、多くの場合、しっかり準備をした実験に対してです。

ダークマターの直接観測では、まだ幸運の女神の微笑みを誰も見ていません。世界中のどのグループもダークマターを直接検出したという、万人が納得するような証拠を出せていないのです。つまり我々だけではなく、世界中の実験屋が、「結果」を出せていないのです。ただし、1つのグループが、ダークマターに起因する〝信号〟の季節変動（後述）を見つけたと言っていますす。ところが、不思議なことに、他の実験グループで確認したという話が全く出てこないのです。奇妙な話ですが、この辺の詳しい事情は本文で解説することにします。

さて、「見えない」と「無い」とは違います。もちろんダークマターがあることはわかっています。したがって、見えないというのは、見るための検出器の感度がまだ足りないか、あるいは、ダークマターは重力以外では本当に「見えない」という可能性もあります。

今、ダークマターの探索はある意味、切迫してきています。もう少し頑張れば見えるのか、あるいは、重力以外で見つからないのがダークマターの本質的な性質なのか、決着をつけなければなりません。

こうした最近の状況を背景に、これまでのアイデアにとらわれない、新しい「見る」ための方法が、現在世界中で、いくつも提案されています。実験屋の腕の見せ所がやってきたということなのでしょう。

ダークマターは、ひょっとしたら明日にでも見つかるかもしれません。あるいは、様々な混戦を経て10年後に見つかるかもしれません。ひょっとすると、どんな検出器を使っても見えないものかもしれません。見つかれば大発見ですが、たとえ、重力以外では「見えない」ということがわかった時でも、宇宙と素粒子解明への大きなステップが得られるでしょう。

本書では、後半の第Ⅱ部でダークマターについて詳細にお話しする前に、第Ⅰ部でダークマターの舞台となる宇宙と素粒子の現在の知識と、それらがいかに深まってきたかということを紐解《ひもと》いておこうと思います。ダークマターの話に到達する時には、予備知識として、宇宙と素粒子に関して概観できていると思います。

もっとも、すでに素粒子や宇宙の基礎的な知識には、何回も触れているという読者の方は、第Ⅱ部のダークマターから読み進んでいただければと思います。

そして、本題からは若干外れますが、本書においては、いくつかの発見にまつわる逸話や歴史なども挟んで話を進めてゆきます。科学の発見は、本来は科学者から独立した真実ではありますが、科学の発見を行うのは研究者、人です。研究の泥臭さ、研究者の人間臭さ、そして、研究者も聖人君子ではないことを感じていただければ幸いです。

2020年10月

鈴木洋一郎

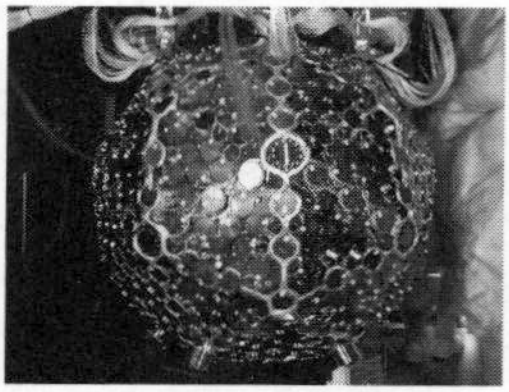

本書カバー・帯のデザインモチーフになった、ダークマターの検出器の一部。下は組み立て作業の様子。

目次●「見えない」宇宙の正体

第Ⅰ部　宇宙と人

第1章 宇宙は重力で満ちている

スペース、ユニバース、コスモス

皆さんは、宇宙ステーションというと何を思い浮かべますか。宇宙船の中継基地や、宇宙飛行士が出入りする宇宙にある居住空間のようなものを思い浮かべるでしょうか。かつてはSFの世界にしかありませんでしたが、今や、国際宇宙ステーションというものがあります。ただ、人類が手にした宇宙ステーションは、映画『スター・ウォーズ』に出てくるような、何光年も遠く離れたところにある宇宙ステーションではありません。

国際宇宙ステーションは、地球の周りを規則正しく回っています。地球からスペースシャトルで、人を送り込んだり、物を運んだりしています。国際宇宙ステーションを英語では、International Space Station（ISS）と呼んでいます。宇宙に関連した英語には、space、universe、cosmosと3つありますが、日本語ではどれも宇宙です。

スペース（space）は、地球表面を2次元とした時に、地球から離れた3次元の空間的な広がりを言い表します。大気圏外という意味合いが強いです。あるいは、人から見た視点とでも言った方がよいでしょうか。ユニバース（universe）は、人の観点から離れ、空間を含めた創造された万物、そして、時間的な広がりもそこには含んでいるように思います。ある意味、〝絶対者（神）〟（もし、そのようなものが存在するなら）から見た視点とでも言いましょうか。コスモス（cosmos）は、宇宙秩序のようなものでしょう。スペース、ユニバースとは少し違った意味合いです。

さて、これで3次元空間を旅するものが、ユニバースシップではなくて、スペースシップである理由がわかったと思います。

最近では、国際宇宙ステーションからテレビ中継も行われ、宇宙飛行士が、ステーション内でどんな様子か、直接見ることもできます。無重力状態で、コップの水がどのようになるかも見ることができます。それを見て「宇宙に行けば無重力だ」と人は言います。この言葉は本当でしょうか。少し注意が必要です。

というのは、宇宙ステーションは、地球表面から約４００㎞の上空（大気圏外）でほぼ1時間半で1回、地球を回っています。国際線のジェット旅客機がほぼ10㎞上空を飛んでいるので、４００㎞はその40倍の距離ですから、それに比べるとずっと遠くなので、重力が小さくなっているのではないかと思うかもしれません。しかし、４００㎞を地球の半径６４００㎞と比べると、わずかその16分の1の距離（高度）です。

したがって宇宙ステーションは、ほとんど地球の表面に沿うように回っていることになりま

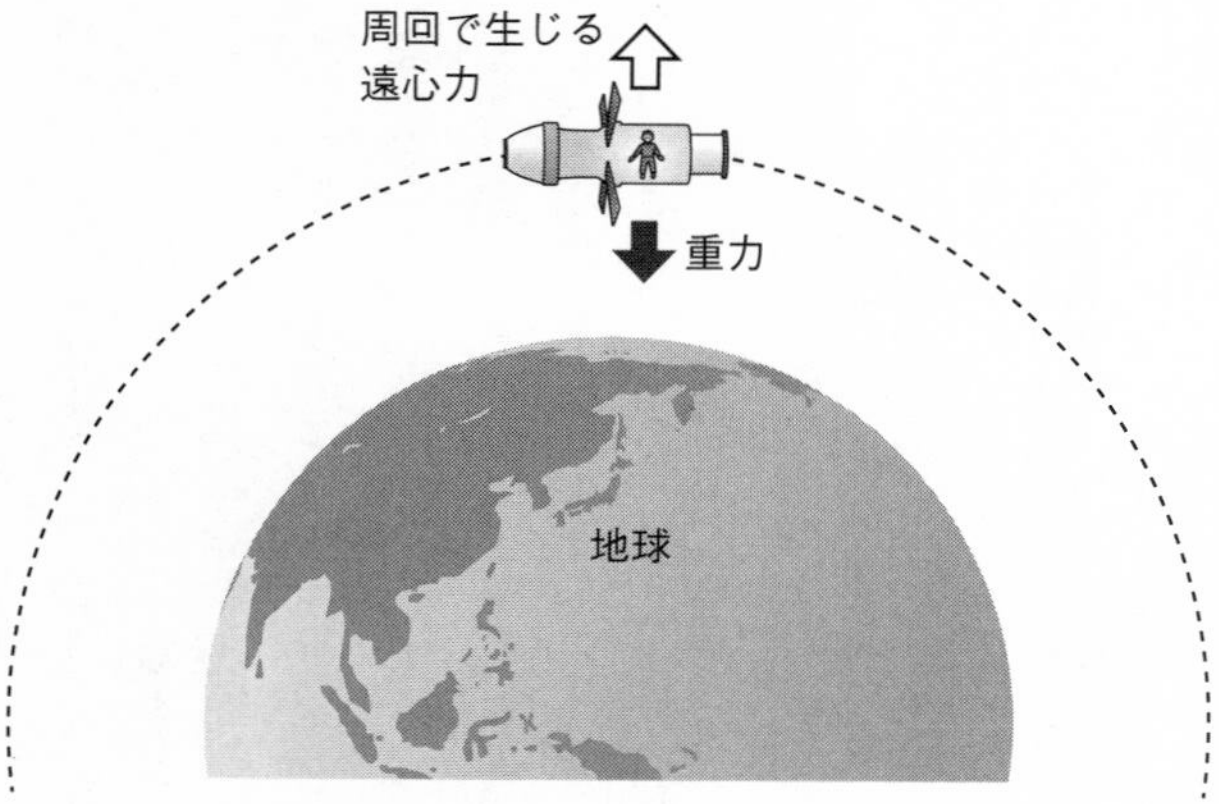

図1.1　地球を周回している宇宙船では、重力と遠心力がつりあい、内部の人は無重力と感じる。

す。重力源として考える地球中心からの距離では、わずか6％遠くなっただけです。この距離では、地球の及ぼす重力は12％ほど小さくなるだけです。したがって、国際宇宙ステーションの飛んでいるところを、宇宙と呼んだとしても、そこは無重力ではありません。

もちろん、読者の皆さんは、すでに、お気づきのことと思いますが、これは、国際宇宙ステーションが、地球を約1時間半で1周していることと関係しています。よくある説明では、周回で生じる「遠心力」と地球の重力がつりあっており（正しくは、つりあわせるために必要な周回速度（時速約2万8000km）になるように打ち上げている）、国際宇宙ステーション内部では、重力が打ち消されて、無重力状態が創出されているということになります。（図1・

1）。宇宙に行ったら無重力という言い方には、少し注意が必要だということが、これでおわかりになったと思います。

国際宇宙ステーションが飛んでいる高度においても、地球からの重力は、地球表面での強さとほぼ同じだけあり、国際宇宙ステーションが重力に引き寄せられて地球に落ちてこないためには、重力とつりあう「遠心力」を生じる周回運動が必要なのです。

周回運動は自由落下？

さて、ここで同じ現象を、遠心力を使わない別の見方で考えてみましょう。こちらの考え方の方が、周回運動の本質がわかるでしょう。

高度４００㎞のところから、宇宙ステーションを様々な速度で水平に（正確には接線方向に）打ち出すことを考えます。そんなこと、実際はできないと言う読者もいるかもしれません。しかし、物理学ではよく「思考実験」というのを行います。頭の中だけで実際どうなるのかを考えます。これもその一つと思ってください。

さて、水平初速度がゼロなら、「手を離すだけ」なので、重力の影響だけをもろに受け、宇宙ステーションは高度４００㎞の位置から真っ逆さまに「自由落下（フリーフォール（free fall））」して、重力源である地球に激突です。宇宙ステーションが「自由落下」している間は、

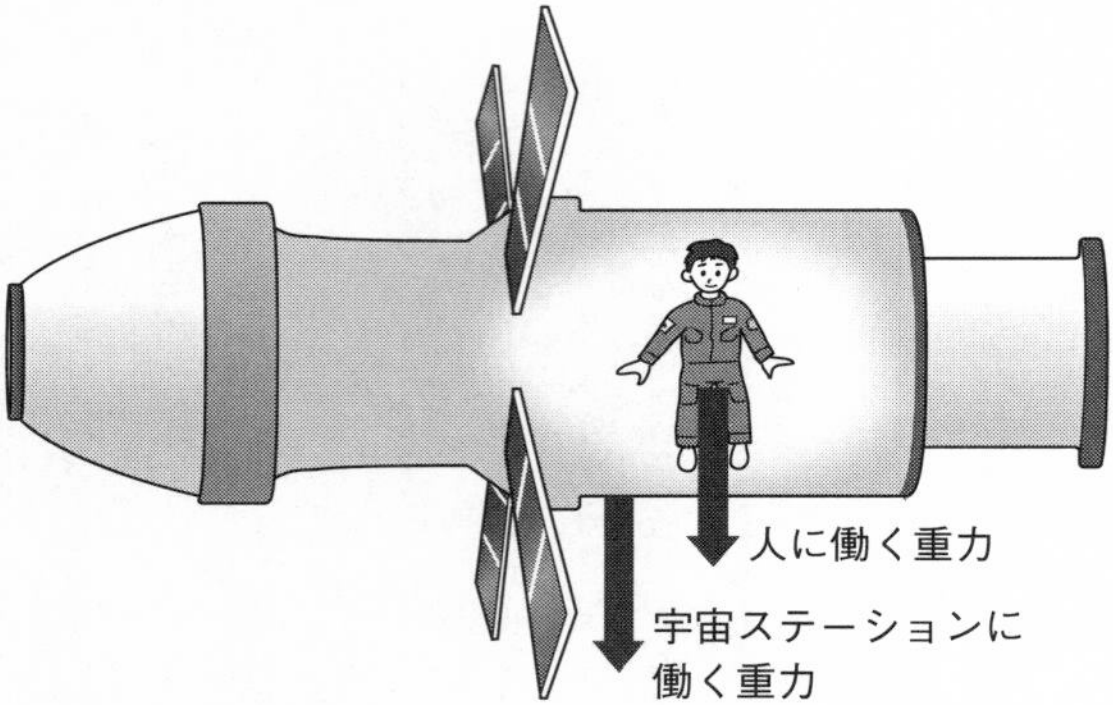

図1.2　宇宙ステーションも内部の人も、同じ重力を受けて自由落下している。
自由落下してゆく宇宙ステーションの内部の人は無重力と感じる。

宇宙ステーション内部では「無重力」状態になります。重力が存在するところにおかれた物体が、重力により、あるに任せて起きる運動が自由落下です。そして、図１・２のように、自由落下してゆくステーション内部では無重力です。

最近、遊園地でもよく見かけるようになった「フリーフォール」というアトラクションと同じです。私は、とても怖くて乗れませんが、数秒間ほぼ無重力の感覚を味わえると思います。かつて、北海道の上砂川町に、地下無重力実験センターという施設がありました。炭鉱の立坑《たてこう》を利用したもので、全長７１０ｍのうち、自由落下距離は４９０ｍであり、10秒間の無重力環境が実現できたそうです。

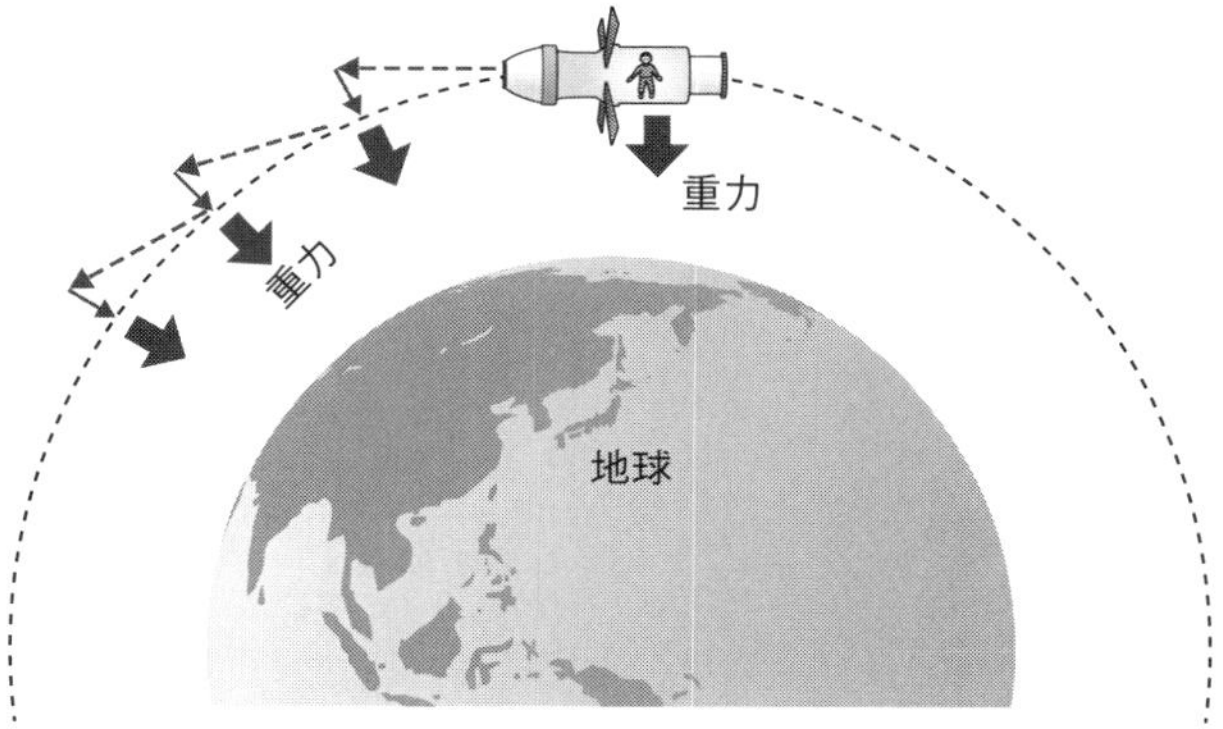

図1.3　周回している宇宙ステーションは、遠心力を考えずに、常に周回軌道へ自由落下して、回り続けていると考えてもよい。

　さて、もとの議論に戻りましょう。次に、水平方向にある速度をもって打ち出します。最初に、一気に周回速度で打ち出すことを考えてみましょう。まず、地球からの重力を無視します。〝ある距離〟を水平に進むと、（地球は丸いので）周回軌道よりも外側に離れてゆきます。
　しかし、実際には重力があります。そして、重力により、宇宙ステーションは地球重力の方向である地球の中心に向かって、〝ある距離〟進んだ後、ちょうど周回軌道まで「自由落下」するのです。実は、このようになるように調整した速度が周回速度なのです。次の移動距離でも同様で、宇宙ステーションは、周回軌道まで「自由落下」をします（図1・3）。したがって、周回速度で打ち出された宇宙ステーションは、自由落下の結果、周回軌道上を進んでゆきます。そして、永遠に「自由落下」＝無重力の状態になります。図では、がたがたのノコギリ形になっていますが、説明に用いた〝ある距離〟をだんだんと小さくしてゆけば、最後はちゃんと円になってゆきますよね。

打ち出し速度が周回速度より小さい場合には、時間の長短はありますが、いずれ地球に激突します。速度が周回速度より遅いので、周回軌道から外に離れる距離が同じ時間単位で短くなり、自由落下で落ちる距離の方が勝るからです。宇宙ステーションはゆっくり降下してゆきます。もちろん、宇宙ステーションの内部では、衝突まで「無重力」状態になっています。しかし、厳密にはこれは正しくありません。地球には大気があり宇宙ステーションは大気の中を落ちてゆくので、大気からの抵抗を受けて減速されます。したがって、私の話は空気がない場合での話です。

●宇宙に行ったら無重力か？

これまでの話をまとめると、「宇宙に行ったら無重力」という言い方がよいかどうかは、どのような状況を考えるかによっていることになります。宇宙に行っても、そこには、大なり小なり必ず重力があります。「無重力」ではありません。地球から400km程度ではなおさらです。しかし、そこにおかれた宇宙ステーションは、地球重力によって、重力源である地球に引き寄せられて、「自由落下」状態、すなわち無重力になります。

重力源に落ちるのを回避するために、周回運動をさせることもできます。その周回運動により、宇宙ステーションは、重力源への激突をさけることができますが、自由落下をしていることには変わりありません。

実は、この考え方を発展させると、重力質量と慣性質量すなわち重力と加速度が同じであるという等価原理（第9・1・1項参照）に到達します。宇宙に行ったら無重力か？　という疑問は、一般相対性理論への入り口なのです。そして、実は、我々は、重力に逆らう術《すべ》がない場合には、どこへ行っても無重力かもしれません。我々が、地表で重力を感じるのは、つまり重力で立っていられるのは、自由落下するのを地面がくい止めてくれているおかげです。

ファインマン（Richard Phillips Feynman）という、量子電磁力学の確立に大きな寄与をし、ノーベル賞を朝永《ともなが》振一郎、シュウィンガー（Julian Seymour Schwinger）と共同受賞した物理学者がいます。50年前に私が大学に入学した時、その人の書いた『ファインマン物理学』という教科書を読み、周回運動が永遠の自由落下であると説明してあるのを学び、こんな考え方もあるのだと、感激したのを覚えています。

星や銀河、そしてその他の天体からの重力は、遠くにゆくほど、〝距離の2乗分の1〟で小さくなりますが決してなくなりません。距離が2倍になれば、重力は4分の1になります。10倍になれば、100分の1です。宇宙はあらゆる物質（ガスや固体の分子・原子、星や銀河などの天体、そして、本書のお話の中心である、正体いまだ不明のダークマター等）からの強弱様々な重力で満ちています。

宇宙にある物質は、重力により互いに引き合い、物質分布の濃淡がさらに強められます。一部は重力源に取り込まれ、ますます強い重力源になります。そして、星に進化してゆくものもあります。また、一部には、うまいバランスで重力源の周りを周回するものもあります。それらが、宇宙のダイナミックな姿を生み出しているのです。

地球が太陽に落ちてゆかないのは、宇宙ステーションと同様、地球の公転によるものです。しかし、この場合には、落ちてゆかない軌道に残った物質からできた地球が生き残ったと考えるのがよいでしょう。他の太陽系惑星もしかりです。回転している銀河にも同じことが見てとれます。

重力の源である物質質量の分布と、それによって引き起こされる運動は、宇宙を見る時の本質的なところです。そして、逆に、そのような運動を見ることによって、重力を通じて、その源となっている物質質量の情報を知ることができます。たとえば、銀河の回転速度から銀河の質量を推定することが可能です。そして、重要なことは、このような重力によって引き起こされる運動の詳しい観測・考察から、見えない物質、ダークマターの存在が明らかになってきたことです。

「宇宙は重力で満ちている」というのが、この章のタイトルですが、宇宙は、実は重力と表裏一体なのです。

第2章　宇宙は静的ではない

2・1　夜空を見上げると

これからお話しする宇宙の話は、スペースではなくユニバースのお話です。宇宙はいつの時代でも人々の関心の対象です。子供の頃夜空を見上げて（私の子供の頃は東京でも天の川が見えました）、星はどうして光っているのか、あのお星様の先には何があるのか、私たちはどこにいるのか、宇宙の始まりは、これから宇宙はどうなってゆくのかなど、子供心に考えたことがあると思います。大人になると、夜空を見上げることなどめったになく、頭の上に宇宙が広がっていることを、日常生活の中では、すっかり忘れています。時には皆さん、夜空を見上げましょう。

かつて、天には天の法則があり、地には地の法則があると、多くの人たちが考えていました。人類は、地球上の様々な場所で様々な宇宙像を描いてきましたが、天空は世界が違うと考えていたようです。その概念を打ち破ったのが、コペルニクスの地動説です。さらに、天体の運動の精密な観測により得られたケプラーの法則の発見を通じ、ニュートン力学が完成したことです。

ニュートンは運動の法則を基礎とし、万有引力の法則を構築したのですが、その核心の一つは、地の法則と天の法則が同じであるということを示したことです。宇宙は特別なところではなく、我々も宇宙の一部であり、同じ物理学の法則に則っているということを示しました。

●静的な宇宙

20世紀の初頭くらいまでは、多くの人たちは、宇宙は姿を変えない静的なものであると考えていました。宇宙には始まりもなければ終わりもない、永遠不変のものと思っていたのでしょう。もし始まりがあれば、その始まりの前はどうなっているのか、終わりがあれば、その後はどうなるのか、などと簡単には答えられない設問になってしまいます。

有限な時間しか生きられない人間にとって経験することができない無限の時間は、人が考え得る観念を超えたものかもしれません。もちろん、今でも宇宙は永遠不変であると考える人たちはいます。実は、宇宙が有限の空間であり、そこに有限個の星があるなら、万有引力により、いつか収縮してしまうだろうことは、ニュートン自身が１６９１年に指摘しています。しかし、宇宙が無限空間であり、無限の天体が一様に分布しているなら、静的な宇宙が存在できると考えていたようです。

１９１５年に一般相対性理論を作りあげたアインシュタイン（Albert Einstein）自身も、宇宙は静的であり、収縮をしたり膨張をしたりはしないと考えていたようです。しかし、自身の作った重力理論である一般相対性理論は本質的に動的であり、静的な宇宙が作れないため、アインシュタインは頭を悩ませました。そして、苦肉の策でしょうか、自身で一般相対性理論の方程式に、斥力のような効果を持つ宇宙項というものを導入して、すべてが引き合うことで収縮に働く重力の効果を相殺し、静的な宇宙が得られるようにしてしまいました。

２・２　膨張する宇宙

さて、これに対して、ロシアの物理学者、フリードマン（Alexander Friedmann）は、宇宙にある物質は一様等方分布しているという仮定のもと、アインシュタインの宇宙項は考慮せず、一般相対性理論に基づく厳密解の一つとして膨張宇宙モデルを導出しました。フリードマン宇宙と呼ばれています。宇宙には星もあれば銀河もあり、厳密には決して一様等方とは言えませんが、広い範囲で分布を均《なら》して考えると、その仮定は十分成り立っていると考えてよいでしょう。アインシュタインが宇宙項を導入してから５年後の１９２２年のことです。これにより、静的宇宙ではなく動的な宇宙、膨張している宇宙を考える理論的基盤ができたのです。

膨張する宇宙を記述するためには、アインシュタインが導入した宇宙項は必要なかったのです。アインシュタインは過去を振り返って、宇宙項の導入を「人生最大の失敗である」と、言ったとか言わなかったとか……。諸説紛々ですが、言ったという証拠は、その道の専門家によるとないそうです。しかし、そのように本人自身が思っていたというのは本当のようです。驚くことに、ほぼ90年後、観測により発見された宇宙の加速膨張に、その失敗作である宇宙項が密接に関わっているのではないかと考えられています。このようなことを、誰が想像し得たでしょうか。失敗作も珠玉の作品になるというのが、天才たる所以《ゆえん》なのでしょう。

さて、フリードマンが作ったものと同様のモデルは、後にビッグバンモデルの雛形《ひながた》を提唱したルメートル（Georges Lemaître）によって、１９２７年に独立に考えられました。しかし、残念ながらフリードマンは、彼の宇宙モデルを支持したルメートルの論文が出る前の１９２５年に亡くなっています。

その後、１９２９年にアメリカの天文学者ハッブル（Edwin Powell Hubble）が、あらゆる銀河が我々から遠ざかっていて、その後退速度が銀河までの距離に比例するという法則（ハッブルの法則）を発見しました。これが、膨張宇宙の観測的・直接的な証拠です——というのがこれまでの膨張宇宙発見の歴史的な説明です。しかし、ここにきてこれまでの話に「異議あり！」とした大議論が「２０１８年の末」に巻き起こりました。

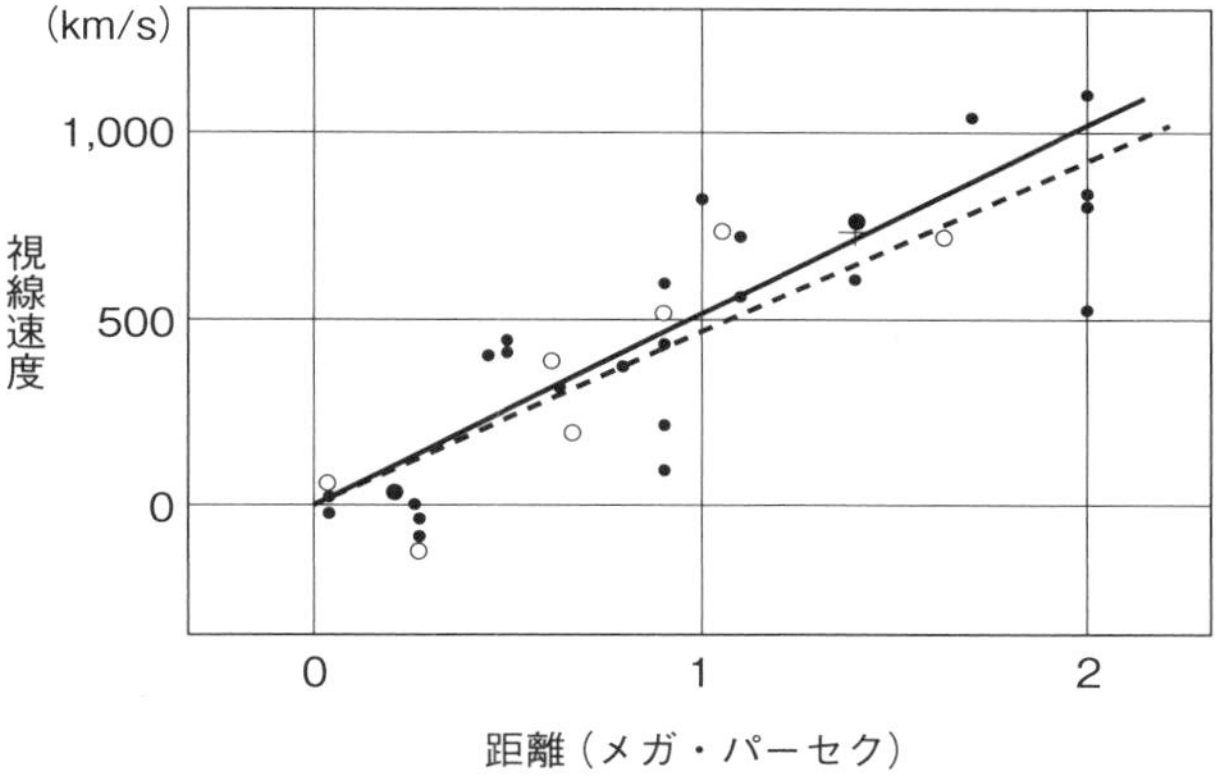

図2.1　ハッブルの論文にある、ハッブルの法則を示す図。

2・3　銀河までの距離と後退速度の測定

どのような大議論が起こっているのかということを説明する前に、ハッブルの法則をもう少し説明しておきます。図2・1はハッブルの原論文に載っている図を転載したものです。横軸は0の位置にいる観測者（地球で望遠鏡を見ている人）からの距離を表しています。

1のところは、観測者から1メガ・パーセク（Mpc）の距離の場所です。メガ（M）は10の6乗、すなわち100万のことです。1パーセクは1天文単位（au）［太陽‐地球間の距離］が1秒角を張る距離です。すなわち、年周視差が1秒角の天体までの距離がパーセクの歴史的な定義です。

実際1パーセクの値は3・26光年ですから、

1メガ・パーセクは、326万光年となります。当時の速度‐距離関係の観測は、ようやく2メガ・パーセクあたりまで行われたということになります。

縦軸は観測した天体の視線速度といわれているものです。観測者に対して近づいてくる、あるいは後退してゆく速度で、視線（見ている方向）に沿った速度です。実際にはこれに垂直な速度成分もありますが、近づく、遠のくの議論には関係ないので、無視をしておきます。

●視線速度の測り方

視線速度を決めるうまい方法は、「光」のドップラーシフトを利用することです。「音」のドップラーシフトは、かの有名な救急車効果です。近づいてくる救急車のサイレンの音は高く（振動数が大きく／波長が短く）なり、我々を追い越し遠ざかってゆく時は低く（振動数が小さく／波長が長く）なります。これは日常経験していることでもあります。

音は媒質を伝わるので、観測者が動いているか、音源が動いているかで、実は状況が若干違うのですが、音速よりも速度が小さい場合には、どちらも、波長のずれは速度（の音速に対する割合）に比例します。音速は、雷までの距離や、打ち上げ花火までの距離の推定によく使う毎秒340mですから時速にすると約1200km／時です。たかだか100km／時の救急車のスピードは音速に比べて十分小さいと言えます。余談になりますが、超音速の、たとえば、1500km／

時で近づいてくる救急車があれば、それは、音もなく近づき、通過してゆくことになります。

光の場合は、音と違い、速度はどの系から見ても同じなので、観測者が動いていても、光源が動いていても効果は同じになります。互いに近づく速度も遠のく速度も光速は超えられません。

光速よりも速度が小さい時には、光のドップラーシフトは、音の時と同様に、波長の変化と速度の変化は比例します。近づいている時は、波長は短く、遠のいている時は波長は長くなります。波長の変化を見るためには、必ず基準となる（もともとの波長がわかった）光が必要になります。たとえば、光速の20％の速度で遠のいている天体からの光の波長は、20％長くなっています。波長５００nm（ナノ・メートル。ナノ（n）は10億分の1）の緑色の光は、波長６００nmの赤い色として観測されます。

このように、遠ざかっている時に波長が長くなることを赤方偏移と呼びます。逆に近づいている時には、青い色に近づいてゆくので、青方偏移と呼ぶ習わしです。光速は約30万km／ｓなので、20％は秒速6万kmになります。図２・１では、５００km／ｓとか１０００km／ｓのあたりを示しているので、光速に比べ十分に小さい変化を見ていることになります。

ハッブルの測定

図２・１から、視線速度はすべて正であり、すべての銀河が我々から遠ざかっているというこ

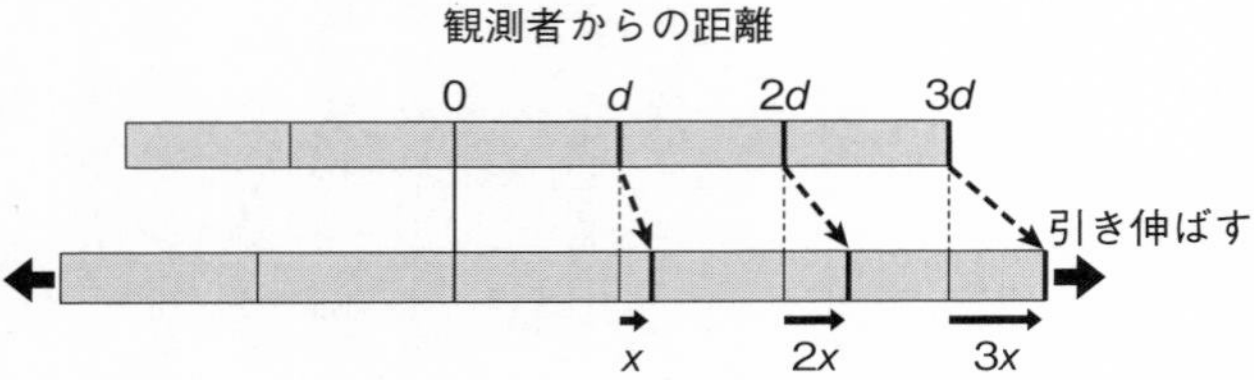

図2.2　膨張する宇宙
図中のxは、t時間の間、ゴム紐を一様・一定に引き伸ばした時の、観測者からdの距離にある〝銀河〟の変位（距離のずれ）であり、x/tが後退速度になる。一様に膨張している時、距離が２倍のところでは、後退速度も２倍になる。

とがわかります。ただ、ある場所の銀河の後退速度が、そこまでの距離に比例するという結果を引き出すには「心眼」で見る必要もあるようです。系統的エラーが大きいですが、当時は、データを系統的エラーを含めて統計的に処理するということは行われていなかったようです。

さて、図を心眼で見ると、（引かれているラインを無視して）１メガ・パーセクで、後退速度は約５００㎞／s、２メガ・パーセクで、１０００㎞／sとなっているように読み取れます。当初の観測は、２メガ・パーセクまでの天体でしたが、距離（r）と後退速度（v）が比例関係、$v=H_0r$、にあると結論づけています。比例定数H_0はハッブル定数と呼ばれています。ハッブルの論文から得られたハッブル定数H_0は、約５００㎞／s／Mpcとなります。

ハッブルの法則は、距離と後退速度の比例関係ですが、これは銀河が運動によって遠ざかっていることによるドップラーシフトではなく、空間が広がっている、膨張していることによる赤方偏移です。原点をどこに移動しても、宇宙のどこから見ても同様な状況になることがわかります。図２・２に宇宙のサイズをゴム紐と見立てた場合、一様な膨張がハッブルの法則すなわち距離と後退速度の比例関係になることを示します。

ハッブルの法則の、もう一つの帰結は、時間を過去に戻してゆくと、どこかで、宇宙が一点になってしまうと考えられるということです。一点に戻るまでの時間、すなわち宇宙の年齢は、宇宙のモデルに依存しますが、最も単純に考えると、ハッブル定数の逆数になります。

当時の値、すなわち５００km／ｓ／Mpcから得られる宇宙の年齢は20億年でした。この値は、当時の進化論の立場から人類の発生までに必要とされる時間よりも短い宇宙年齢、矛盾する宇宙年齢ということで、大きな問題となりました。現在のハッブル定数の値はほぼ70km／ｓ／Mpcとなり、かつての論争の結果は生物学者に軍配があがりました。

２・４　ハッブルの法則かハッブル－ルメートルの法則か

●ＩＡＵの決定

さて大議論の話に戻りましょう。２０１８年10月29日、国際天文学連合（ＩＡＵ：International Astronomical Union）の電子ニュースレターが、世界中に配信されました。私のところにも23時33分に到着しています。そこには、ＩＡＵからのプレス・リリースとして、「ＩＡ

Uメンバーの投票により、今後、ハッブルの法則をハッブル－ルメートルの法則とすることを推奨する」と書かれています。有権者1万1072名のうち4060名が投票、賛成78％、反対20％、棄権2％とありました。もちろん、国際天文学連合が、このような「科学」に関わることを「投票」で決めることには反対もありました。

また、国際天文学連合といえば、かつて、2006年8月に「投票」で、冥王星を準惑星としたことで物議をかもしたことを思い出す方もいるかもしれません。その時は、惑星の定義などは、専門家でないとわからないこともあり、しかも、多くの人たちが長い間、信じていたことを覆されたので、少し違和感を覚えた人もいました。また、逆に、科学の発展によりこれまでの知識が変わるということで、感激した人もいたと思います。

しかし、今回のハッブル－ルメートルの法則への改名の件は、以下で説明するように、科学業績の評価、成果の先陣争い、そして、それに関わる人たちの表の姿、裏の姿がもろに出てきていて、科学の中の人間の話として、興味をひく話題なのです。しかもこのような人の関わる生臭い話は、日常の我々の身の回りにも多く例のあることであり、科学の専門家でない人たちにも面白い話であると思われます。（実は準惑星の時にも、裏には、国と国との綱引きもあったように聞いています。科学は純粋だが、科学者は必ずしも純粋でない！（本当は多くの場合？））

さて、これだけでは何を言っているのかわからないと思うので、ＩＡＵのプレス・リリースの資料に沿って、ここに至るまでの背景の説明を少ししてみようと思います。本書の本筋とは少し離れた余談のようなものですが知っておいても損にはならないでしょう。

ルメートルの論文

宇宙が膨張している直接の証拠であるハッブルの法則は、我々の宇宙に対する認識を大きく変えた天文学上の大発見です。したがって、法則の名前の変更には、十分な事実とその検証があって、提案されなくてはならないでしょう。

先程述べたように、ハッブルの１９２９年の（ハッブルの法則が提起された）論文が書かれる２年前の１９２７年に、ルメートルがフリードマンと同様な宇宙モデルを独立に提唱しています。しかし、実は、そのルメートルの論文の中身は、その宇宙モデルを示しただけでなく、さらに２つの新たな考察・発見が書かれていました。

一つは、膨張宇宙（一般相対性理論）から帰結される銀河の距離と赤方偏移（後退速度）の関係（ハッブル－ルメートルの法則）の予想をしたこと。そして、最も重要なことは、ルメートルが、当時すでに出版され入手可能だった観測結果を使って、宇宙の膨張速度（ハッブル定数！）を世界で初めて求めたことです。

ルメートルが使った41個の遠方銀河の速度のデータはスライファー（Vesto Melvin Slipher）

の1922年の測定結果であり、距離の測定データは1926年に出版されたハッブルたちの結果でした。ハッブルは距離の測定の専門家でもあり、アンドロメダまでの距離を測定し、それが銀河系外の天体であるということを示した人です。

なお、アメリカの天文学者スライファーは、1912年に最初に銀河の後退速度（赤方偏移）を測定し、また、1917年には、渦巻き銀河が実際に回転していることを発見しています。スライファーが最初に観測した赤方偏移の測定も、ハッブルが最初に行ったものだと誤って書かれていることがあります。一度有名になると、他人の成果までもその人のものになってしまうという、我々の日常にも多くあることが、この時代の天文の世界でも起こっていたようです。

しかし、多くの場合その責任は科学者自身やサイエンスライターのような方々にあるようです。科学者の場合、きっちり過去の同様な仕事を調べ上げ、それを正直に書く必要があります。でも、これは、実に難しいことなのです。意図せずとも事実と異なってしまうことも多くあります。

ルメートルが値を求めた〝ハッブル定数〟は、彼の論文を見ると、625km／s／Mpcと575km／s／Mpcという2つの値が書かれています。フランス語の論文でも数式は同じですから私でもわかります。これらが、世界最初の「観測から求めた」ハッブル定数です。ルメートルは41個の後退速度の観測がある銀河を使いました。しかしこの41個すべてに距離のデータがあるわけではなく、データにある種のグルーピングをしています。その方法の違いで、２種類の答えが出たようです。なお、現在の最良値約70km／s／Mpcに比べると8～9倍大きいですが、これは、後で説明するように、この間に銀河までの距離の決定方法に大きな改善があったためです。このルメートルの論文は、フランス語で、『ブリュッセル科学学会紀要』(Annals of the Scientific Society of Brussels) に掲載されており、マイナーな学術誌だったせいで、当時あまり知られる結果にはならなかったようです。

ハッブルの論文

２年後の１９２９年にハッブルが、「系外銀河の速度‐距離関係」というタイトルの論文を書いています。これが、これまで言われていた「ハッブルの法則の発見」の〝歴史的論文〟です。得られたハッブル定数の値は５３０km／s／Mpcで、ルメートルの結果とあまり変わりはありません。使った観測データがルメートルの使ったものとほぼ同じものなので、同じような値になって当然であると言う人もいます。その後１９３１年にハッブルはヒューメイソン (Milton Lasell Humason) とともに、観測銀河の数をさらに41個増やして、これまで、その距離が２Mpcまでの銀河だったものを、30Mpcの遠方まで延ばし、速度‐距離関係を確実なものにしました。

さて、どうして「ハッブル‐ルメートルの法則の発見」が１９２９年のハッブルの論文によるものとなったのかを示す面白い話があります。これは、ファン・デン・バーグ（Sidney van den Bergh）が２０１１年に、「膨張宇宙の発見」と題する一種の「逸話論文」の中に書いています。

銀河の数をさらに増やした測定結果を発表した１９３１年のハッブルとヒューメイソンの論文は『アストロフィジカルジャーナル』74巻に載っています。そして、その直前にヒューメイソン単著の速度観測の技術的論文が掲載されています。このように〝サイドバイサイド〟で関連する２つの論文を一緒に出版することはよくあることです。しかし、面白いのは、このヒューメイソンの単著論文の初っ端《しょぱな》に「１９２９年に、ハッブルが（銀河）系外銀河の速度と距離（当時スペクトルが使用可能であったものにたいして）を結びつける関係を見つけた（鈴木訳）」と書かれています。そして、これ以後「ハッブルの法則」と人々の間で呼ばれるようになったということです。

ハッブルが1929年の論文を書く時に、その2年前にフランス語で書かれた、ルメートルの論文を知っていたのか知らなかったのか議論が分かれるところです。国際天文学連合のプレス・リリースの中では、ハッブルが論文を書く1年前、すなわちルメートルが論文を書いた1年後の1928年7月に、オランダのライデンで国際天文学連合の総会が開かれ、そこにハッブルとルメートルが出席し、意見交換をしているということが指摘されています。

さて、ここまで来ると、微妙な点もありますが、ハッブル－ルメートルの法則は、ルメートルが示唆して、ハッブルが詳細な確認を行ったというのが、順当な解釈かもしれません。そして、皆さんも、国際天文学連合が推奨するように、ハッブル－ルメートルの法則と呼ぶのにもはや抵抗はない（?）と思います。

ルメートルの論文の著名雑誌への再掲

ところが、この話、もっともっと楽屋雀を騒がせることがあります。1927年のルメートルのフランス語の論文は、ハッブルの論文が出た2年後に、当時、天文学の重鎮であったエディントン（Arthur Stanley Eddington）の勧めで、王立天文学会の月報という、非常に権威のある雑誌に英語に翻訳され再掲されました。それはそれでめでたい話ですが、その英語の論文には、ルメートルが最初に指摘したハッブルの法則の説明と、ルメートルが得た宇宙の膨張率の議論が、抜け落ちていました。

最も重要な部分が、再掲論文でなくなっていたということなので、誰が翻訳して、どうして重要な部分を落としたのかが、大きな謎になっていました。しかし、後日、本人と月報の編集者とのやりとりの手紙が見つかり、意外な事実が判明したのです。

英語への翻訳も、そして宇宙膨張に関するところの欠落も、ルメートル本人がやったという事実がわかったのです。なぜ、落としたのでしょうか。本人の説明によると、すでに再掲の2年前にハッブルの論文が出ているので、さらにその2年前のフランス語の自身の論文に書かれている同様な議論を、改めて掲載する必要はないというように説明しているのです。しかし、それでも一番重要なものが落ちていて、とても不思議です。

そのさらに後日談として、翻訳論文の出た後に、ルメートルが王立天文学会の会員になったということが伝わっています。会員になるには、エディントンの推薦が効いているというような話もあります。もしかすると、人間臭さが少し漂うような話がまだ埋もれているのかもしれませんね。IAUの報告書の中に、「自身のvisibilityよりも、scienceの発展に価値を見出しているルメートルを称賛する」とありますが……。

これで、ハッブル-ルメートルの法則の長い余談はおしまいです。私がこれまでの研究生活の中で見てきた、ニュートリノに関わる発見物語や、将来起こるかもしれないダークマターの発見物語にも、これらと似たような「人間らしい」話が出てくるかもしれません。科学研究の結果は「真理」でも、研究は「人」が行うものです。

2・5　ルメートルのビッグバン

ハッブル-ルメートルの法則は、1931年の30Mpcまでの測定データによる結果で、より確かなものになりました。ハッブル－ルメートルの法則を素直に解釈すると、宇宙は、昔は今よりも小さかったということになります。距離に比例した後退速度は、その逆数が宇宙の年齢になり、時を遡ってゆくと、有限の時間で一点に集まることになるのです。すなわち宇宙は始まりを持つことになります。

その年、ルメートルは自身が作った動的宇宙モデルに基づき、「宇宙は原始的原子（Primeval Atom）の崩壊から始まった」というモデルを提唱しました。ルメートルのビッグバン宇宙論です。もちろんビッグバンという言い方はまだ当時使われていません。したがって、彼の理論をビッグバンと呼ぶのはよくないとは思いますが、説明の仕分け上このように使わせてもらいます。ルメートルは原始的原子の他にfirework theoryという言葉も使ったとされています。彼のこの原始的原子説が後のビッグバン理論の雛形であることは間違いないでしょう。

１９３０年代初頭は、原子核物理学はまだ発展途上でした。原子核のベータ崩壊で、エネルギー保存則が一見破れているように見えるということが大問題になっていました。そのエネルギー保存則の破れを救ったパウリ（Wolfgang Ernst Pauli）のニュートリノ仮説が１９３０年に提唱されています。チャドウィック（James Chadwick）による中性子の発見が１９３２年です。ようやく原子核の何たるかが見え始めてきたところです。

したがって、宇宙の初期の様子を物理学として見るには、ルメートルの考えは、10年ほど時期尚早だったようです。当初、彼の考えは、否定や無視をされたり、単なる空想であると言われたりして、重要であるとは思われていませんでした。斬新なアイデアに時代がまだ追いついていなかったということでしょう。

もっとも、ルメートルは、キリスト教の司祭であったので、宇宙に始まりがあるのは、宗教上の考えとも一致していると考えていたのかもしれません。ルメートルは、ビッグバン宇宙論の決定的な証拠である、ペンジアスとウイルソン（Arno Allan Penzias, Robert Woodrow Wilson）の3K輻射《ふくしゃ》（宇宙背景輻射：第3・2節を参照）の発見を、死の3日前に聞かされ旅立ったということです。

2・6　定常宇宙論

ビッグバンモデルが確立してゆく道筋も、大きく混線した話です。ハッブル－ルメートルの法則すなわち膨張宇宙と整合が取れる宇宙モデルは、始まりのあるビッグバン宇宙論だけではなく、少し馴染みの薄い定常宇宙論という大きく異なった考え方ともあまり大きな矛盾はありませんでした。実は、永遠不変の宇宙像である定常宇宙論の方が人々には受け入れやすいので、最初の頃は、多くの支持者がいました。宇宙に始まりがあるという考えはなかなか納得がいかないものです。

宇宙はどの場所も対等であることを、宇宙原理といいます。どこで宇宙を見ても同じであり、どの方向を見ても同じということと同義です。宇宙には特別な場所はありません。もちろん、これは星や銀河の分布を平均的に均してのことですが、一般相対性理論に基づく、フリードマン－ルメートル宇宙そのものです。

宇宙に特別な場所がないということは、地上での物理法則は、宇宙のあらゆる場所で同じように成り立たなくてはなりません。定常宇宙論では、さらに過去でも未来でも、時間に関わらず成り立つとします。これを完全宇宙原理といいます。時間発展をする宇宙では、過去の高温時代に現在の物理法則が成り立っていることは必ずしも保証されません。当時の人は、そのように考えていたようです。

●定常にするためのトリック

定常宇宙論は完全宇宙原理に則っています。宇宙は膨張していますが、時間とともに変化しないと考えるのです。宇宙は不変であると主張します。宇宙には始まりもなければ終わりもありません。しかし、宇宙膨張は観測事実ですので認めなければならず、そのままでは物質の密度が薄くなり不変でなくなります。したがって、密度の減少を補い一定にするため、定常宇宙論では、物質が無から生成されて、密度を一定に保つとします。

定常宇宙論の骨子は、１９４８年にボンディ（Hermann Bondi）とゴールド（Thomas Gold）そしてホイル（Fred Hoyle）が提唱しています。それによると、1年間に1㎦あたり、およそ水素原子1個が生まれる必要があります。現在の我々が持っている知識によると、宇宙にあるとされる物質・エネルギーのうち、我々のよく知っている分子・原子など「通常の物質」の量は、それらを陽子換算すると、1㎦にほぼ3億個あることがわかっています（なぜ3億個かということは、後でダークマターの話をする時に詳しく説明します）。

したがって、毎年1㎦に1個生まれるということは、通常の物質が3億分の1、すなわち０・０００００００３%ずつ毎年作られていることになります。これは、実際の実験や観測によって肯定的に計測することも、あるいは否定することも不可能な量です。このように考えることにより、宇宙には始まりがないとすることができます。

当初、定常宇宙論がビッグバン宇宙論よりも有利な考えであったもう一つの理由は、ハッブル－ルメートル定数の値にあります。宇宙膨張が最初に議論された当初のハッブル－ルメートル定数は５００から６００㎞／ｓ／Ｍpcでした。この定数から、ビッグバンを仮定して宇宙年齢を求めるとほぼ20億年程度になります。定常宇宙論が議論され始めた１９４０年代後半でも２５０～３００㎞／ｓ／Ｍpcで、40億年程度です。

この値は、地球の年代よりも短く、宇宙の年齢が地球の年齢よりも若いことになります。したがって、こうした事実からも定常宇宙論に分があることになります。宇宙背景輻射が発見された1960年代になって、100km／s／Mpc程度以下となり、ようやく100億年強となってきました。

第3章　宇宙は発展進化している（ビッグバン宇宙）

3・1　ビッグバンと原子核物理学の発展

ルメートルの最初のアイデアから十数年経って、ビッグバンという言葉が世の中で使われ始める前に、原子核物理学を考慮したビッグバンモデルの議論が始まります。初期宇宙が「お話」の世界から「サイエンス」へ一歩踏み出す時です。科学啓蒙作家としても有名なガモフ（George Gamow）や、彼の学生だったアルファー（Ralph Alpher）、そして若いハーマン（Robert Herman）らが主役を演じています。

ガモフたちは、ビッグバン直後に生まれすべての物質の元になるものを、イーレム（Ylem）と呼んでいました。ルメートルの原始的原子に似た発想です。ガモフの学生であったアルファーが、イーレムと名付けたそうですが、その言葉自体は、『オックスフォード英語辞典』にも載っており、かつて、アリストテレスが「宇宙のすべてのものを生み出したもの」として使ったそうです。

1932年の中性子の発見の後、30年代から40年代にかけて、少数核子から複合核へと、原子核の研究は大きく進展します。そして、40年代後半には、原子核を統一的に考察・記述できる原子核のシェルモデルができあがります。後から見ると、この10年というのは、凄まじい速さで原子核の理解が深まっていった時代です。おそらく、第2次世界大戦とその後の政治体制が、大きく関係していたのではないでしょうか。しかし、まだ、高温高圧のもとでの物質がどのようになるのか、どのように扱えばよいのか、あまりはっきりはしていませんでした。

●アルファ・ベータ・ガンマ理論

1948年に有名な、アルファ・ベータ・ガンマ理論が発表されます。これは、ビッグバンによる宇宙初期の原子核合成の理論です。著者たちは、宇宙の初期に高温高圧の中性子ガス（過熱した中性の原子核の液体：overheated neutral nuclear fluid）から陽子と電子が作られると考えました。もちろん、これも、仮想的なものです。宇宙膨張で温度が下がり、残っている中性子と陽子が融合して重水素が作られます。そして、次々と重い原子核が作られていったと考えました。初期宇宙に作られたヘリウム量が30％という答えが得られています。実際は約25％が正解ですので、かなりよい精度です。

この理論によると、重い元素まで一気に合成されてしまうのですが、林忠四郎により、宇宙の初期には、ヘリウムより重い元素は形成されないとの指摘がありました。実際、質量数5と質量数8の安定元素がないので、宇宙初期には、それを超えた元素の合成はできないのです。そして、この一連の結果を、アルファ・ベータ・ガンマ・林の理論と呼ぶことがあります。

●アルファ・ベータ・ガンマ理論のユーモアと……

実は、このアルファ・ベータ・ガンマ論文の、本来の著者はアルファーとガモフの2人でした。しかしガモフは、ベーテを入れると、アルファ（アルファー）、ベータ（ベーテ）、ガンマ（ガモフ）となり面白いと考え、休暇中のベーテに手紙を出し、何の貢献もないベーテを著者に入れたそうです。

このテーマで博士論文を書いていたアルファーは、著名なガモフが指導教授であることで、自身の貢献が小さく見えるのではないかとの危惧をずっと持っており、さらに、ベーテを著者に入れることにより、2人の著名な研究者との共著になり、自分のやったことがますます薄れてしまうと思い、強く反対しました。

実際、アルファーの危惧通り、この論文のアルファーの名前は、ガモフとベーテという2人の巨人の影に隠れていってしまったそうです。このため、ガモフはアルファーからずっと恨まれていたとのことです。ガモフの冗談めいた発想で、一人の若者に相当な圧力をかけていたかもしれませんね。今でいうと、〇〇ハラスメントにあたりそうです。ガモフはアイデアのある研究者、そして科学啓蒙作家としてよく描かれますが、周りからは、あまり良い目では見られていなかったのではないでしょうか。

1948年10月30日付の『Nature（ネイチャー）』誌に、ガモフは単名で「宇宙の進化」という論文を書いています。しかし、若いアルファーとハーマンは連名で、同じ『Nature』誌に翌月、ガモフへの痛烈な反論（誤りの指摘）を展開しています。彼らが同じグループだと思っていた人たちには驚きのことですが、アルファーの博士論文の事情に思いを馳せると、その時代の人たちにとっては、こうしたことは、しごく当たり前のことだったのでしょう。

ビッグバン命名

「ビッグバン」という言葉は、ビッグバン宇宙論を推し進める人たちが使い始めたのではありません。定常宇宙論の提案者の一人であるホイルが、1949年にBBCのラジオ番組の中で使ったのが最初です。

世間では、ビッグバンという言い方が、彼の嫌いな理論・相手（ビッグバン宇宙論者）を侮蔑するような意味で用いられたと思われていますが、科学史家のクラーウ（Helge Kragh）は、そのような悪い意味では使われていなかったという研究結果を発表しています。

また、世間では、ビッグバン宇宙論が台頭し始めた１９４０年代後半から、宇宙背景輻射の発見までの約20年間、ビッグバンだ、定常宇宙だという「激しい」議論があったとされていますが、そのようなことは、両者の間にはなかったとしています。

そして、１９６５年の宇宙背景輻射（次節参照）の発見により、定常宇宙論は静かに退場してゆくことになります。逆に、ビッグバンという言葉は、宇宙背景輻射の発見以降に多く使われるようになりました。

３・２　宇宙背景輻射

ビッグバン宇宙論か定常宇宙論かに決定的な一撃を加えたのは、１９６５年の宇宙背景輻射（ＣＭＢ：Cosmic Microwave Background）の発見です。宇宙背景輻射とは、一体何でしょうか。

初期の宇宙で、温度がおよそ３０００Ｋより高いと水素原子は電離した状態にあり、物質はプラズマ状態にあります。裸の電荷がむき出しになっているため、光はその電荷とすぐに反応して、長い距離を進むことができません。高温の宇宙は、光に関して、不透明であると言ってもよいでしょう。

高温であった宇宙が冷えてきて３０００Ｋ以下になると、電離していた水素の原子核が電子を捉え中性になります。このようになると、光にとって邪魔になる「電荷」がありませんから、光は、宇宙の中を自由に飛び回ることになります。

この光が宇宙背景輻射で、これが起こったのは宇宙開闢後38万年経った後です。宇宙はこの後１０００倍ほどに大きくなり、その時に３０００Ｋだった温度は、現在では１０００分の１の３Ｋになっています。最新のPlanck（プランク）衛星による、より精度のよい温度は２・７２５Ｋです。

この宇宙背景輻射の存在は、かつて宇宙は、熱い時代を過ごしたという証拠になります。一番最初に、このような輻射が存在することを指摘したのは、ガモフたちのグループですが、その輻射の温度が、現在数Ｋであると最初に言ったのは、アルファーとハーマンの２人で、１９４９年のことです。アルファーとハーマンの予想は５Ｋです。

●ＣＭＢ発見の逸話

宇宙背景輻射の発見逸話（これは様々なところで語られる有名な話ですが）を、少し寄り道して話させてもらいます。

物語は１９６０年から十数年後のことになります。その頃世界のトップクラスの頭脳を集めていたという評判だったアメリカのベル研究所では、１９６０年にニュージャージーのホルムデルにホーン・アンテナを作り、世界最初の受動型通信用サテライトシステム、ＥＣＨＯのテストを行っていました。数年後に2代目の衛星があがったのを機会に、この通信用アンテナがお払い箱になり、天文観測に供することになったのです。

ベル研究所の物理学者、ペンジアスとウイルソンが、そのホーン・アンテナを用いて、銀河間の電波天体の観測を行うことになりました。しかし、〝望遠鏡〟の調整を行っていたところ、不思議なノイズがあるのに気が付きます。24時間、しかもあらゆる方向から来ているのです。

彼らは、ノイズ源と思われるものをことごとくチェックしてゆきました。軍のレーザー照射の時間ではないか、ニューヨーク市からは来ていないか……。そして、ある時、鳩がホーンの中に巣を作って、鳩の糞が中にあることに気が付きました。糞をとりのぞき、鳩を捕まえ、ずっと遠方まで行ってから放してやりました。しかし、鳩はそれでもホーンに戻ってきます。何回も繰り返すので、ついには鳩を排除してしまったということです。ちなみに、ペンジアスはライフルの名手だそうです。それでもまだ、その電波は常にすべての方向から来ていました。

同じ頃、ペンジアスは、友人であったマサチューセッツ工科大学のバーク（Bernard Flood Burke）から、プリンストン大学のピーブルス（Jim Peebles）とディッケ（Robert Dicke）の宇宙背景輻射に関する、まだ出版されていないプレプリントのことを聞きました。ビッグバンの残《ざん》滓《し》が、低いレベルの電波としてあらゆる方向から来ること、そして、バークらもウイルキンソン（David Wilkinson）とともに、測定器をまさに作り始めようとしていることなどを知り、自分たちの観測が新たな発見であることを確信しました。

ペンジアスは、すぐにディッケに電話を入れ、プレプリントを送ってもらい、その後、彼らをベル研究所に招待して、信号を見てもらいました。ディッケたちは、これが、自分たちが探していたものであると直感したそうです。

彼らは相談して、混乱を避けるため2つの論文を並べて（side by side で）出すことを決めました。論文は１９６５年に出版されました。ディッケたちの解釈の論文が先で、ペンジアス－ウイルソンの発見論文は後になっています。

ペンジアス－ウイルソンは、宇宙背景輻射の発見で、１９７８年にノーベル賞を受賞、ピーブルスは、２０１９年に、「物理的宇宙論における数々の理論的発見に対して」ノーベル賞を受賞しました。ピーブルスは、宇宙背景輻射だけでなく数多くの優れた研究をしています。

なお、ディッケたちの論文には、最初に宇宙背景輻射を予言した、１９４９年のアルファーハーマンの論文は引用されていません。ディッケは１９９７年に、そしてアルファーは２００７年に逝去しています。

宇宙膨張の観測事実だけでは、ビッグバン宇宙論にほぼ軍配があがっていても、確実なものではありませんでしたが、この宇宙背景輻射（ＣＭＢ）の発見により、ビッグバン宇宙論は決定的な味方を手に入れることになりました。

３・３　ビッグバン宇宙の意味するところ

ビッグバンの名残である宇宙背景輻射の発見にバックアップされた、ビッグバン宇宙論によると、宇宙は膨張しているだけでなく、始まりを持ったものであることが明らかになりました。そして、宇宙は、定常ではなく発展、進化をしてゆくものであると考えるのが自然です。

宇宙の初期の熱い時代に、水素、ヘリウム、などの元素が合成されたことが予想されます。宇宙開闢後数分から十数分の時のことです。

しかし、それよりも以前の初期宇宙では、原子核は分解してしまいます。温度が上がるにつれ、素粒子の世界、クォークとレプトンの世界になってゆきます。現在の素粒子の標準理論である電弱統一理論を使うと、次章で詳しく述べますが、宇宙開闢から10^{-10}秒経った、それ以降の世界を記述することができます。

それ以前の世界を見るには、標準理論を超えた新たな素粒子の理論が必要でしょう。最終的には、重力理論の量子化が、開闢に迫るには必要となります。

宇宙開闢以降、原子核合成の前にダークマターは生まれていたとされています。このあたりはまだよくわかっていない話ですが、宇宙背景輻射が放出された時に、すでにダークマターは、宇宙構成の重要な一員になっています。宇宙背景輻射のゆらぎからダークマターの量までもがわかっています。その後の、重力による星や銀河の形成、大規模構造の発展にダークマターが大きな貢献をしています。現在見ているような宇宙の構造の進化はダークマターを含めたビッグバンモデルでしか説明できません。宇宙の歴史を作る主役の一人はダークマターなのです。

第4章 素粒子と宇宙

私たちが宇宙を見る目は、1915年に一般相対性理論ができてから大きく変わりました。それまで、時間と空間は単なる運動する物質の入れ物でした。物質とは、銀河であり星であり、我々を作っている素粒子から構成される世界です。しかし、今日、一般相対性理論により、時空の構造と、物質・エネルギーの分布とは、独立しているのではなく、深く関連していることがわかっています。さらに、ハッブルールメートルの法則によると、初期の宇宙は高温高密度の素粒子の世界であり、そこでは、時間・空間の概念のさらなる変更が必要とされるかもしれません。

我々が認識するものの大きさは、宇宙（極大の世界）から素粒子（極小の世界）まで、およそ44桁にわたります（図4・1）。メートル単位で見ると、大きい方は4×10^{26}m（約465億光年）すなわち、138億年前に出た光が、（その間の宇宙膨張を考慮し）飛んできた距離である見える宇宙の大きさから、小さい方は、10^{-18}m（点粒子と考えられているクォーク・レプトンの大きさの上限）になります。

どういったものが我々の観測対象になるのかは、後で詳しく述べます。大きいスケールは夜空を眺めれば実感できるかもしれません。でも、今日の都会では、星もあまり見えないし、ましてや天の川が見られるのも稀《まれ》かもしれません。周りに光がないところへ行ったり、山に行ったりすると壮大な宇宙の姿が実感できるかもしれません。

4・1　エネルギーの単位と温度、そして質量

素粒子と宇宙の話に入る前に、エネルギーに関連する単位についてまとめておきます。素粒子や原子核が関与するところでは、エネルギーをeV（エレクトロンボルト）という単位で表します。これは、単位電荷e（1個の電子の持つ電荷）を持った粒子が、1Vの電位差で加速され

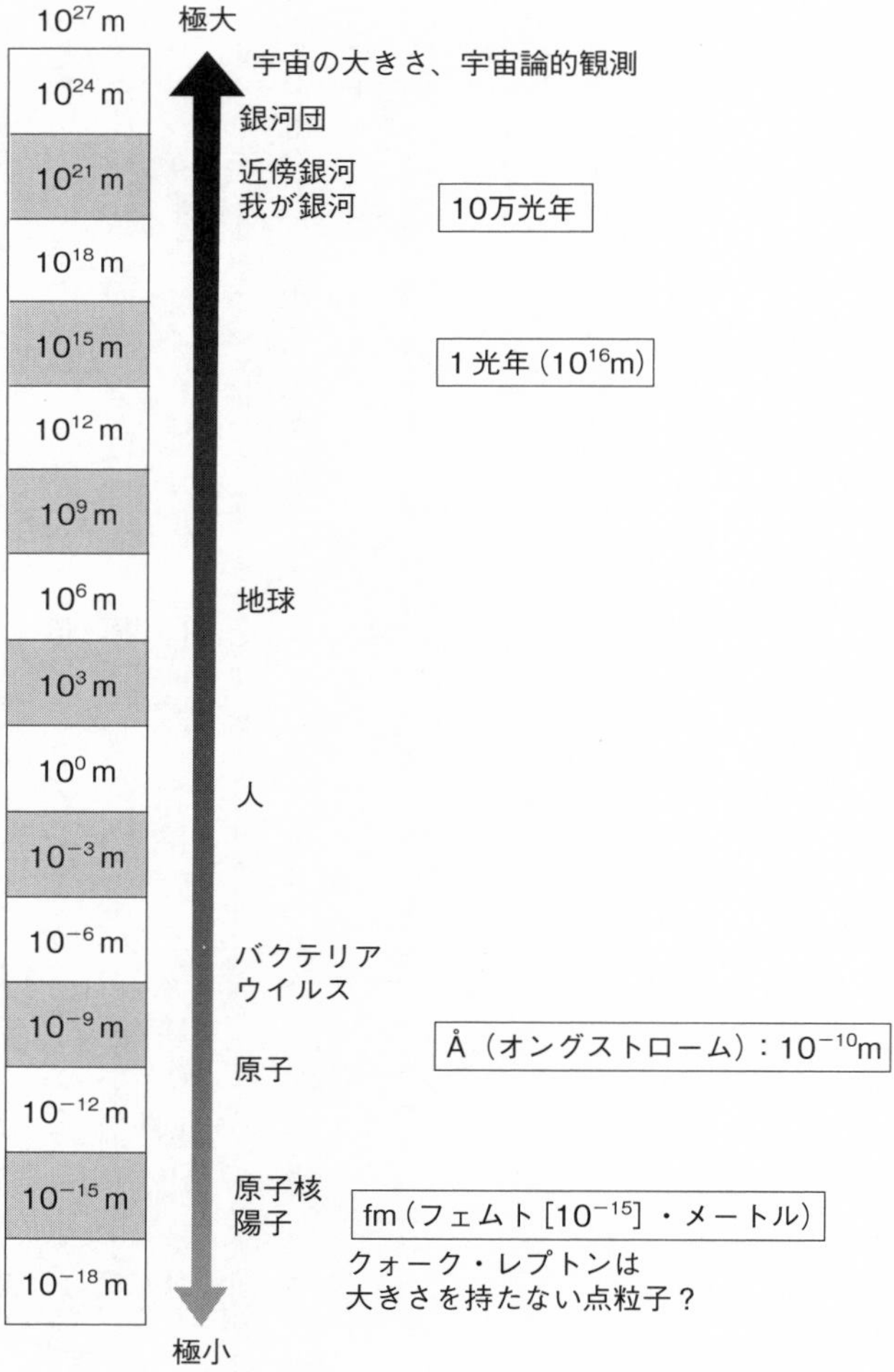

図4.1　44桁にわたる、素粒子の極小の世界から極大の宇宙

た時に得るエネルギーです。といっても、なかなか実感できない単位ですが、単位電荷は1・6×10^{-19}C（クーロン）ですので、1eV＝1・6×10^{-19}J（ジュール）です。よく使う補助単位として、keV、MeV、GeV（ギガ・エレクトロンボルト）、そしてTeV（テラ・エレクトロンボルト）などがありますが、それぞれ10^3eV、10^6eV、10^9eVそして10^{12}eVに対応します。原子が関与するエネルギーがkeV程度、原子核が関与するのがMeV、そして素粒子が関与するのがGeVとかTeV程度と思ってください。

平均のエネルギーEを持って分布している粒子群の温度を決めることができます。ただし正確には、粒子が相対論的（速度が光速に近い）か、フェルミオン（クォークやレプトンなどの物質粒子）か、ボゾン（力の媒介粒子）かで、分布の仕方が違います。あまり温度Tが高くない時は、$E = (3/2)\ k_B T$を使って結びつけられます。k_Bはボルツマン定数で、1・38×10^{-23}JK^{-1}あるいは、8・62×10^{-5}eVK^{-1}であり、1eVは約1万2000Kとなります。1／40eVは300K（常温）と覚えてもよいでしょう。

さらに、質量もアインシュタインの有名な$E = mc^2$から質量＝エネルギー／c^2と表せます。cは光速（3×10^8m／s）です。エネルギーをeV単位で表せば、質量は、eV／c^2となります。たとえば、電子の質量は511keV／c^2、陽子の質量は938MeV／c^2となり、それらの質量がエネルギーにすべて転換されると、それぞれ対応する511keV、938MeVのエネルギーになります。陽子の質量は、まるめるとほぼ1GeV／c^2になります。重さをkgに戻したい時は、1eV／c^2＝1・8×10^{-36}kgを使います。

素粒子の研究者の間では、cを1とした単位系を簡便のためよく用います。この単位系では、たとえば1GeV／c^2の質量を単に1GeVと書き、エネルギーと質量の記法に違いがありません。以下においても、なるべく／c^2を残すようにしていますが、ところどころ便宜上、質量を／c^2なしで書いているところもあると思いますが、ご容赦ください。

4・2　極大の世界へ

人（1mレベル）から大きい方へ目を向けましょう。地球の直径は約1万2700km（1・27×10^7m）です。これは覚える必要はありません。そもそも1mの定義が「北極と赤道を結ぶ子午線を1000万メートルとする」と1795年にフランスの法律で決められたものです。もちろん、その後計量技術の進展により、定義自体が精密化され変更されてきたのは知っての通りですが、我々が使う値に大きな違いはありません。

したがって、地球の直径は4万km／π＝1・27万kmになります。私は、太陽の直径を、太陽中心から太陽表面まで、ニュートリノ（光と同じ速度）で2・3秒かかると覚えています。これから30万（km／s）×2・3×2＝138万km、実際は139万km（1・39×10^9m）なので、とてもよい近似になっています。光速（cと表記します）は30万km／sですが、これは地球7周半と覚えておけば、4万km×7・5＝30万kmとすぐ出ます。地球の直径は、太陽の直径の約100分の1です。

さて、太陽－地球間の距離は、光でおよそ8分20秒（500秒）です。500光秒《こうびょう》とでも言いましょうか。これは1億5000万km（1.5×10^{11}m）になります。太陽－地球間の距離は、太陽の直径の約100倍です。この太陽－地球間距離を1au（1天文単位）といいます。先程、光で500秒を光秒と、何気なく使いましたが、ここで光年というのを定義しておきます。宇宙の大きなスケールでよく使います。光が1年かけて走る距離です。1年の秒数は、60×60×24×365＝3.15×10^{7}秒ですので、1光年＝30万km／s×3.15×10^{7}sとなり、約10^{16}mとなります。太陽系を離れる遠い世界では、光年が使いやすい単位になります。

●太陽系の彼方に

太陽と同様に自身で輝いている星で、太陽に最も近い星は、4・2光年離れているケンタウルス座のプロキシマ・ケンタウリです。赤色矮星《わいせい》で11等級ですので肉眼で観測することはできません。望遠鏡を使わなくてなりません（本書では、恒星を単に「星」と記します）。

星と星の間の距離は、光年（10^{16}m）のオーダーであり、太陽の直径（10^{9}m）に比べ7桁、10

00万倍の距離にあります。これは、10cmの野球ボールを東京－福岡間に相当する1000km離しておいたものです。我が銀河系の中で、太陽系のあるところが、星が特に散在しているということはありませんが、星と星の間はすかすかであると言ってよいでしょう。

次の大きなスケールの天体は銀河です。1000億個ほどの星が集まったもので、直径は10万光年から数十万光年（10^{21}m）です。地球から最も近い銀河は、大マゼラン雲で、17万光年離れています。アンドロメダ銀河は約250万光年先です。これらの数字を見ると、銀河と銀河の距離は10万光年、100万光年の程度であり、銀河のサイズとあまり変わりません。

銀河は1000とか2000とかが集まって、銀河団を形成しています。その大きさは、1000万〜2000万光年（10^{23}m）というサイズになります。我々の銀河に最も近い銀河団は、おとめ座銀河団で、約6000万光年先にあります。大きさは1200万光年で、約2500の銀河が属しています。銀河団はさらに集まり超銀河団を構成しています。大きさは1億光年（10^{24}m）以上です。

そして、138億年前に生まれた宇宙ですが、現在、観測可能な宇宙の大きさ（今見えている宇宙の大きさ）は、その間の宇宙膨張を考慮すると、約465億光年（約4×10^{26}m）になります。これが、極大の世界の観測可能な世界のはずれです。

4・3　極小の世界へ

逆に1mから小さいスケールに向かってゆくと、我々を作っている物質の中を見ていくことになります。最初に出会うのは、オングストローム（Å：10^{-10}m）サイズの原子・分子です。原子（元素）は、原子核とその周りを回る電子で成り立っています。原子核のサイズは原子の1万分の1程度と極めて小さいものです。1932年のチャドウィックによる中性子の発見により、原子核が、陽子、中性子からできていることがわかりました。陽子、中性子をあわせて核子と呼ぶことがあります。陽子、中性子はおよそフェムト・メートル（fm：10^{-15}m）の大きさを持っています。ほとんどが集中していますは、「すかすか」で、その中心の原子核に質量の

大きさを持っている粒子は、内部構造があるとされ「素」ではありません。核子を構成しているクォークと、電子およびその仲間であるレプトンは、大きさのない点粒子とされています。しかし、実験的には「点」ということは証明できず上限しかわかりません。現在、クォークの大きさは10^{-18}m以下であるというところまではわかっています。もし、クォークが有限のサイズを持つことがわかったならば、将来、クォークが素粒子の座から引きずり下ろされる可能性もあります。

──古代ギリシャのアトム

素粒子（elementary particles）は、物質を構成する最小の単位、すなわち基本粒子で、これ以上「分割できないもの」です。歴史をたどると、「素」粒子だと思われていたものが、内部構造を持ち、別のものに、素粒子の座を譲り渡してきたことがあります。時代が進み、理解が進むことによって、素粒子とされているものが違ってきます。

さて、一気に2000年以上前にフイルムを巻き戻してみましょう。紀元前4世紀頃の古代ギリシャです。そこでは「万物の源は何か」というような設問がなされ、「自然哲学者」たちは様々な考えをぶつけ合っていたようです。素粒子につながるような考え方は、デモクリトスによって出されていました。目にも見えず、そして分割できない「原子」が、「空虚」の中を運動しているというものです。

「原子」のアトム（atom）は、対応するギリシャ語のア・トモンからきていて、「ア」は否定、「トモン」は分割という意味ですので、「アトム」は分割できないものを指します。そして、空虚の中で、このアトムの運動や分離・結合によって、物体が変化しているものとしました。空虚も「あるもの」であると主張しています。デモクリトスの発想は、現代の「原子」と「真空」につながるところもありますが、科学的な議論には程遠いものでした。

●化学の原子論

その後は、一気に18世紀末から19世紀の初頭まで進みます。気体や物質に関する化学反応の理解が大きく進み、化学的原子論・分子論が展開され始めていた頃です。ラボアジェの質量保存則、プルーストの定比例の法則、さらにドルトン自身の倍数比例の法則などに基づき、ドルトンが原子論を展開しました。このドルトンの原子論が、現在につながる「科学的な原子論」の始まりとされています。学校で習う化学の最初の頃に登場する話です。ようやく、定量的な議論が原子という言葉を使ってなされるようになったのです。

しかし、１８０８年のゲイ＝リュサックの気体反応の法則と原子論は矛盾しました。これは、１８１１年のアボガドロの仮説（法則）により解決しました。アボガドロは、2原子分子（当初アボガドロは、2原子分子は半分子が2つからなるとしました）の存在を仮定し、同じ圧力、温度、体積を持つどんな気体でも、同じ数の分子が含まれるとしました。しかし、ドルトンは2原子分子を認めず、自身の発案した原子論と矛盾するアボガドロの説をなかなか認めなかったようです。

このため、長い間、化学界では分子量・原子量が統一されず、混乱がありました。１８６０年の国際会議で、アボガドロの説が再評価され、スポットライトが当てられ、それ以後、アボガドロの原子・分子論が広く浸透してゆくことになります。アボガドロはアボガドロの数としても名前が残っています。このドルトン－アボガドロの原子は、その当時の「不可分な素」だったと言ってもよいでしょう。

実体としての原子

しかしこの頃、この原子・分子というのが実体を持ったものなのか、単に現象をうまく説明するためだけのものなのか、なかなか結論は出ませんでした。後々の、クォークが単なる数学的な考え方なのか実体なのかと、同じような議論だったのでしょう。分子・原子が実体を持ったものかどうかの契機となったのは、ブラウン運動の発見です。

この現象は、1827年のブラウン（Robert Brown）による発見以来、長い間、原因は不明でした。この現象を原子・分子の実在に結びつけたのはアインシュタインです。1905年は、アインシュタインの「奇跡の年」と言われています。その年、アインシュタインは3つの論文を書いています。「特殊相対性理論」「光電効果」「ブラウン運動」に関するもので、どれもが、それ以降の物理学の発展に大きな影響を与えています。

アインシュタインは、熱運動をしている媒質の分子が微粒子に当たることで、ランダムな運動（すなわちブラウン運動）が引き起こされると考え、分子の存在を仮定した理論でブラウン運動を説明しました。そして、ペラン（Jean Perrin）が1908年頃から、ブラウン運動の精密実験を行い、原子・分子の実在を証明しました。ペランは1926年に、物質の不連続構造に関する研究（分子の実在）に関して、ノーベル物理学賞を受賞しています。アボガドロの法則から原子・分子が実体を持ったものであると認識されるまで、ほぼ100年、随分と時間がかかりました。

さて、少し回り道をしましたが、原子がどのようにできているかの議論も同じ頃になされています。電子が、陰極線の研究を経て、トムソン（Joseph John Thomson）により1897年に発見されます。トムソンは、陰極線を、電場をかけ曲げることに成功しました。これを、これまでわかっていた様々な結果と一緒に考察し、陰極線の電荷と質量を求めました。そしてマイナスの単位電荷を持つ、これまで知られている最も軽い原子の1000分の1以下の質量となる未知の粒子が、陰極線の正体であるとしたのです。原子は不可分なもの、すなわち「素」だと、この頃は考えられていた中で、これは、その原子よりも小さい粒子の発見になりました。これで、原子の模型、すなわち原子の構造が考えられる基盤ができたことになります。

原子模型と量子力学

1904年にトムソンは、原子はプラスに帯電した物質の中にマイナスに帯電した粒子が静電力によって存在している、というモデルを考えました。そして、同じ年、長岡半太郎は、プラスに帯電した中心の周りをマイナスに帯電した粒子が回っているというモデルを考えています。そして、トムソンのかつての学生であったラザフォード（Ernest Rutherford）が、原子には中心部分に「プラスの電荷を持った核」があるという、長岡モデルと同様なモデルを提案しました。これは、アルファ線を原子にぶつけて大角度に散乱される入射粒子を発見した実験（ガイガー・マースデンの実験と言われる）に基づいて、１９１１年に行われたものです。

ラザフォードより早く提案された長岡の原子モデルは、評価されていないのでは、とよく言われていますが、ラザフォードの論文を読むと、その最後に長岡モデルもきっちり参照されています。

しかし、このような原子のモデルの最大の欠陥は、電子が「回って」いるので、電磁波を放出してエネルギーを失い、原子核に落ちていってしまうことでした。この困難を排して、電子が安定に存在できることを言うためには、ボーアの量子論の成立まで待つ必要がありました。量子論によると、原子が安定でいられるのは、原子核の周りの電子が、非連続的なエネルギーレベルに、確率分布に従って存在していることで理解されます。

●原子核と中性子、そしてニュートリノ

ところが、原子核は、まだ矛盾を含んでいました。原子核の実体がまだよくわかっていなかっ

たのです。1920年にかけて、水素の原子核を陽子（proton）と呼ぶことに、コミュニティーは合意していましたが、当時は、中性子がまだ発見されていないので、原子核の電荷が、水素原子を除いて、ほぼ（質量数／2）×|e|になることが、理解できなかったのです。さらに、陽子だけでは、電気的な反発力で、安定な原子核ができないことも問題でした。

これらの問題は、1932年に中性子がチャドウィックによって発見され、原子核が、陽子と中性子でできていることがはっきりし、矛盾なく解決しました。見えない、見づらい粒子、中性子が大きなカギを握っていたのです。なお、同じ頃の1930年にパウリによってニュートリノの仮説が提案されています。

「陽子、中性子、電子」それからニュートリノが、これからしばらくの間、素粒子の座につくことになります。しかし、次のステップである「クォークの『ペア』、レプトンの『ペア』」という、標準理論の概念が確立するまでには、紆余《うよ》曲折がありました。

●ハドロンの登場とクォークモデル

1935年に陽子・中性子を原子核として結びつける役割を担った粒子、パイ（π）中間子が湯川秀樹により予言されました。この中間子（メゾン）は、1947年にパウエル（Cecil Frank Powell）により宇宙線の中に発見され、湯川はノーベル賞をとることになります。同時期に、ロチェスターとバトラー（George Dixon Rochester, Cliford Butler）により、非常に奇妙な振る舞いをする粒子が発見されました。文字通り奇妙な粒子（strange particle）と呼ばれ、後にK中間子と呼ばれる、第3番目のクォークであるs‐クォークを含むメゾンです。

しかし、これで終わりではありませんでした。これ以降、スピンが1／2や3／2等のバリオンと呼ばれる陽子、中性子の仲間と、スピンが0か整数のメゾンの仲間の「素粒子」が続々と発見されます。陽子、中性子が素粒子だと思ったら、仲間がぞろぞろ出てきたということです。もはや、誰も、陽子、中性子が「素粒子」であるとは思わなくなりました。そして、周期律表よりも多い「素粒子」をどのように分類するのかが素粒子物理学の一つのテーマになってしまいました。1964年にゲルマンとツヴァイク（Murray Gell-Mann, George Zweig）によりクォークモデルが提案され、それまでに発見された素粒子がうまく分類されてゆくことになります。

クォークの命名もゲルマンによるものです。u‐クォーク、d‐クォーク、s‐クォークの3種類のクォークを使うと、観測される「素粒子」をうまく説明できました。陽子、中性子などのバリオンはクォークが3つで構成され、陽子は（u、u、d）、中性子は（u、d、d）で構成されています。s‐クォークを含むバリオンも発見されて、ラムダ粒子、シグマ粒子などの名前がつきました。そして、クォークモデル提案時に未発見だった、（s、s、s）でできているオメガ粒子は1964年に、予言通りの質量を持つ素粒子として発見され、クォークモデルの正しさの証とされました。メゾンはクォークと反クォークで構成されたものです。クォークの複合粒子であるバリオンとメゾンを総称してハドロンといいます。このあたりの話からは、76、77ページの図4・2、図4・3も見ながら、読み進めるといいかもしれません。

4・4　素粒子の標準理論の成立

3つのクォークを使うクォークモデルは、ハドロンの分類ということで一応の成功は収めましたが、「なぜ、クォークは3つなのに、レプトン（電子、ニュートリノの仲間）は2『ペア』あるのか（(電子、電子ニュートリノν_e）および（ミュー、ミューニュートリノν_μ))」、ということは明確に説明できませんでした。

レプトンに関しては、1936年という早い時期に、アンダーソン（Carl David Anderson）らによって宇宙線の中にミューが発見され、ν_μは加速器実験により1962年に発見されています。

このような時代的背景のもとに1967年、グラショウ－ワインバーグ－サラム理論が発表されます（Sheldon Lee Glashow, Steven Weinberg, Abdus Salam）。これは、電磁気と弱い相互作用の統一理論（電弱統一理論）です。この統一理論では、クォークとレプトンがきれいにペアを成すことが、必要とされています。

第一世代は、（u、d）と（ν_e、e）でよさそうでしたが、その先は、若干混沌《こんとん》としていました。第二世代のレプトンは（ν_μ、μ）ですでに発見されていましたが、s‐クォークのお相手が見つかっていなかったのです。そうこうしているうちに、1974年11月にc‐クォークが発見され、電弱統一理論が正しいとされました。後に、「11月革命」といわれているものです。

これまで、uds‐クォーク3つで素粒子（ハドロン）の分類学が研究されていたところに、c‐クォークが発見され、udscを（ud）（sc）のペアにすることができたのです。c‐クォークはチャームクォークと呼ばれています。クォークとレプトンの対により、素粒子とその力がきれいに理解され、クォークとレプトンが「素粒子」の座を獲得し、素粒子の新しいパラダイムが始まった時です。

11月革命は、ちょうど私が研究の世界に入った年、修士課程1年の時で、素粒子のゼミの先生に、c‐クォークを含むメゾンに関する問題をいくつも出されたのを覚えています。

●ようやくたどり着いた、標準理論

その後は、1983年に弱い力の粒子であるW‐ボゾン、Z‐ボゾンが発見され、誰もが、新たなパラダイムの誕生を実感しました。そして、1973年には予言されていた6‐クォークモデル（小林‐益川モデル）に対応する第三世代の粒子が、1975年にタウ、1977年にb‐

クォーク、1995年にt-クォーク、2000年にタウニュートリノが、次々と発見されました。

このグラショウ-ワインバーグ-サラム理論（電弱統一理論）と、クォークだけに働く強い相互作用を扱った量子色力学（QCD：Quantum Chromo-Dynamics）をあわせて素粒子の標準理論といいます。

人類は、長い歴史の中で、ようやく素粒子の「標準理論」というものにたどり着きました。そして、電弱統一理論に必要な最後の素粒子、未発見だった「ヒッグス粒子」を2012年に発見し、標準理論が正しいということを証明しました。しかし、まだ、電弱統一理論と量子色力学は統一されていません。もし統一されるならば、それは大統一理論となります。

通常の物質の階層としては、基本的なものからクォークとレプトン、ハドロン（クォークの複合粒子）、原子核（ハドロンの複合粒子）、原子（原子核＋レプトン（電子、ミュー））、分子となっており、構造を持たないクォークとレプトンに「素粒子」というタグをつけるのが通常です。

本書でも、分割できないということで、クォークとレプトンを「素」である、「素粒子」であるとしています。しかし、陽子、中性子など、クォークの複合粒子であるハドロンも、「素粒子」と呼んでいる研究者もいます。クォークが自然界では単独に取り出せないということが、その背景にあるのかもしれません。あるいは、原子核物理学や素粒子物理学ほどハドロン物理学という名前が浸透していないからかもしれません。意味することをしっかり了解していれば、「言葉」としては柔軟性があると思って読んでいただくとよいでしょう。私も不用意に誤用していたら、ご容赦ください。

かつて、ビッグバンという言葉を、宇宙初期の漠然とした時期をさしているものとして、私が使ったことに対して、「有名な○○先生は、インフレーションがビッグバンと言っている。あなたは間違っている」と言われたことがあります。ビッグバンは、素粒子ほど、学術的に定義された言葉でなく、（わかっていない部分が多いので）「研究者それぞれで使い分けている言葉なので、言葉をどうこう言うよりも、内容がわかればよいのではないか」と言っても、納得してもらえませんでした。

4・5　素粒子に働く力

さて、今太陽が突然消えたとしましょう。我々はいつ知ることができるのでしょうか。我々が太陽が消えたと知るのは約５００秒後で、太陽が消えた後も「力」は働いています。特殊相対性理論では、これを力の「場」が存在していて、光速で伝わると考えます。力が波として伝搬してゆくと思えばよいでしょう。波は量子ですから、力は伝達粒子によって媒介されると考えます。相対性理論と量子論によって、「力の粒子」の存在が明確になりました。

素粒子に働く力、すなわち「相互作用」は、電磁気力、弱い相互作用、強い相互作用、重力相互作用の4つあります。かつて、第5の力などが考えられたこともありましたが、今のところ、この4つ以外の相互作用は見つかっていません。

これらの4つの力は、すべて、ゲージ不変性を満たす理論で作られています。まじないみたいな言い方で申し訳ありませんが、ゲージ不変性というのは、ゲージ変換に対して、運動方程式が不変になることです。ゲージ変換の一つの例は、位相変換と呼ばれるもので、波動関数$\Psi \to e^{i\theta(x)}\Psi$のように変換を続けてゆきます。変換してゆくと、そのままでは、もとに戻りません。そこで、不変になるように「余分なもの」を付け加えると、もとに戻り、不変になります。この付け加える余分なものが、「電磁場」と「電磁気力」として、自然に出てくるのです。

このように、ゲージ理論では、ゲージ不変性を満たすということを要求するだけで、力の場（ゲージ場［粒子］）が自然に現れます。力を伝達する粒子をゲージ粒子といいます。同時に、物質との結合（力の強さ）も決まってしまいます。今では、我々の知っている力がすべて、ゲージ理論であると考えられています。

4つの力

4つの力の中で、よく知られているのは、電磁気力と重力です。電磁気力は、電荷を持った粒子すべてに働きます。クォークとレプトンに対しては、ニュートリノを除くすべての素粒子に働きます。光子（フォトン）が力の媒介粒子です。

重力は、すべての物質に働きますが、力は弱く素粒子単体では無視してもよい力です。しかし、宇宙に目を向けると、多くの物質が集まった、星、銀河、銀河団などでは、主役を演じることになります。そして、ダークマターの存在は、この重力により明らかになったのです。電磁気力も重力も距離の2乗分の1で小さくなります。電磁気力にはプラスとマイナスがあるので、遠方から見るとプラス・マイナスでキャンセルされますが、重力は消すことはできません。

さて、残りの2つは、素粒子に深く関わる力です。強い力は、クォークを結びつけて、陽子や中性子、π中間子などのハドロンを作る力です。力の粒子をグルオンと呼んでいます。そして、陽子、中性子を結びつけ原子核を作るのも強い力です。強い力のゲージ理論を量子色力学といい、その特徴の一つに「クォークの閉じ込め」があります。

クォークはハドロンという姿でしか我々の前に現れません。たとえば、q・$\bar{q}$のハドロンでクォークと反クォークを引き離そうとすると、お互い引っ張りあっているクォーク・反クォーク間の力がどんどん大きくなって、最後はちぎれて（クォークが2つ飛び出す、のではなく）ちぎれたところに、N－Sの磁石のように、新たな（反）クォークがそれぞれ現れ、q・$\bar{q}$のハドロンが2つできます。このように、クォークは「閉じ込められて」いて、単独で取り出すことはできません。逆に、クォーク同士は近づくと、それぞれ自由にハドロン内を動き回っているという描像（漸近的自由）になります。

最後の弱い相互作用は、主に、クォークやレプトンの種類を変える力です。原子核の崩壊などにも働く力です。弱い力を媒介する粒子、W／Zボゾンは、重い質量を持っています。弱い相互作用は、u‐クォークをd‐クォークに変えたり、電子を電子ニュートリノに変えたりします。反応の前後で電荷が変わるので、荷電カレントといいます。

さらに、弱い相互作用には、電荷を変えない（クォークやレプトンの種類も変えない）で電磁相互作用のような反応を起こすものもあります。電荷を変えない弱い相互作用を中性カレントといいます。弱い相互作用と電磁気学は統一されて、前述のように電弱相互作用（電弱統一理論）、あるいはグラショウ‐ワインバーグ‐サラム理論と呼ばれているのです。

●クォークとレプトンと世代

標準理論における物質粒子であるクォークとレプトン、そして、それぞれの力の媒介粒子を、図4・2にまとめています。物質粒子は、クォークもレプトンもスピンが1／2のフェルミオンです。力を媒介する粒子は、ゲージ粒子といわれているスピンが1のボゾンです。クォークとレプトンは、それぞれ、2粒子ずつ「ペア」で成り立っています。性質が同じで重さだけが違う

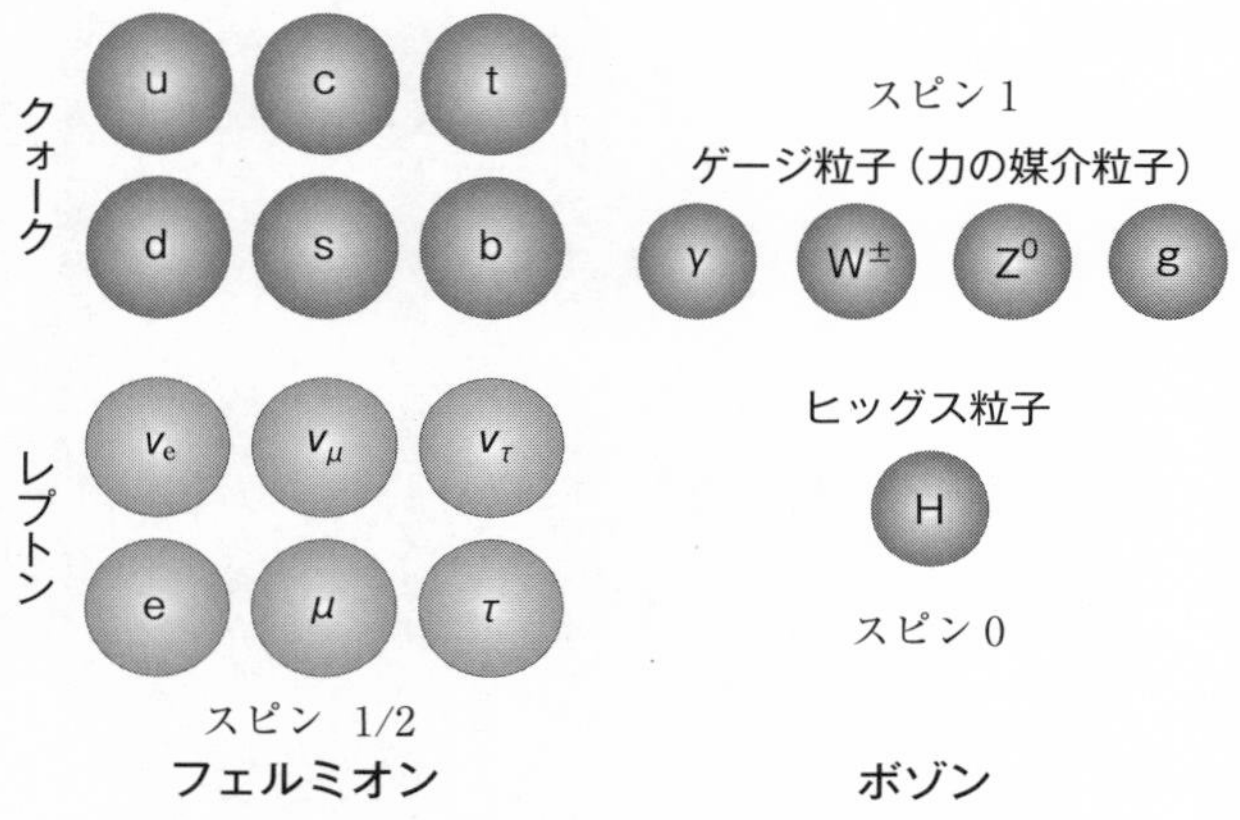

図4.2　標準理論の粒子たち
物質は、クォークとレプトンでできている。力の媒介粒子はゲージ粒子と呼ばれ、ヒッグス粒子は力の粒子の質量に深く関わっている。

「ペア」が「3世代」あります。どうして3世代かは、まだわかっていません。

ペアになるクォークの電荷は、⅔ e と −⅓ e であり、ペアになるレプトンの電荷は、0と-1 e です。電荷0のレプトンをニュートリノといいます。第二世代の重い粒子をミュー、第三世代のさらに重い粒子をタウといいます。第一世代が、いわゆる「原子・分子」の構成子です。

4・6　超対称性理論

素粒子を考える時、いろいろな「対称性」を考えます。ここで考える超対称性というのは、フェルミオンとボゾンの対称性、あるいは、物質と力の対称性です。

標準理論の物質の粒子は、スピン1／2を

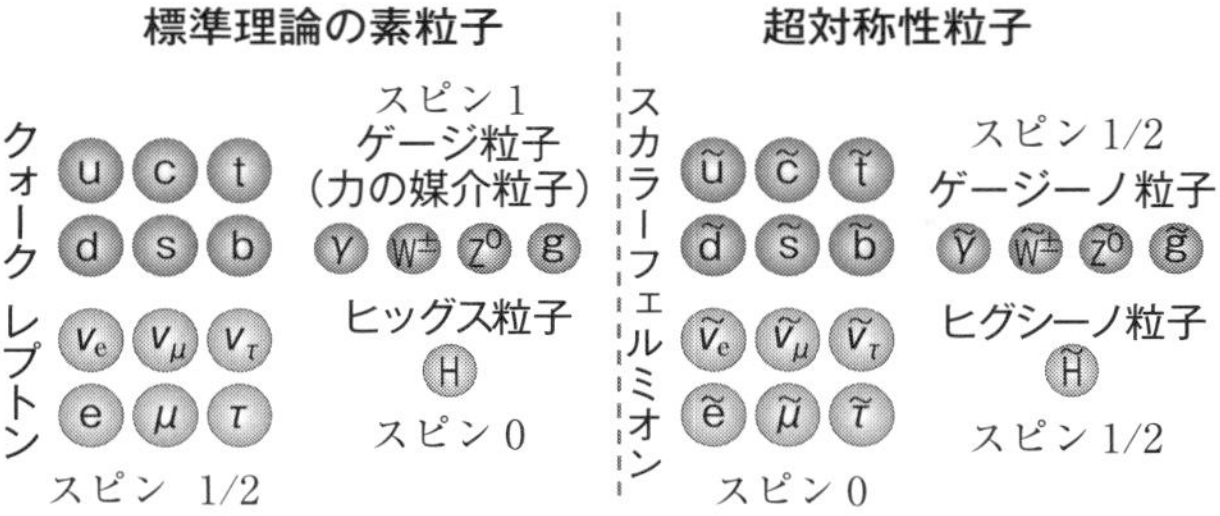

図4.3　超対称性粒子群
標準理論のクォーク・レプトンに対しスカラーフェルミオンが、ゲージ粒子に対しゲージーノ粒子が、そしてヒッグス粒子に対してヒグシーノ粒子が存在する。対応する超対称性粒子のスピンは、標準理論の粒子と1/2違う。ヒッグス粒子は複数存在すると考えられているが、ここでは1つで代表している。

持ったフェルミオンで、クォークとレプトンです。そして、スピン1または0の力の粒子、ボゾンです。列挙すると、フォトン、W、Z、グルオンそしてヒッグス粒子です。

　標準理論のそれぞれの粒子に対応して、超対称性パートナーが存在しています。クォーク・レプトンに対しては、スピン0のスクォークとスレプトン、そして、力の粒子に対しては、スピン1／2のフォティーノ、ウィーノ、ジーノ、グルイーノ、ヒグシーノというものです。

　図4・3に示した超対称性粒子の最も軽い粒子は安定で、標準理論の粒子には崩壊しません。この安定な中性粒子が、本書のメインテーマであるWIMPダークマターの候補となります。そして、超対称性理論の先には、

重力を含めた統一理論があります。この超対称性理論が、素粒子と宇宙に関わる大きな問題を同時に解決する可能性があるということで、多くの関心を集めています。

4・7　初期宇宙と素粒子

宇宙の発展を素粒子的観点から見ましょう。素粒子の理論は、宇宙の初期を探索するための道具と言ってもよいでしょう。宇宙の初期は、高温の世界です。第4・1節を思い出してみてください。たとえば、宇宙開闢後10^{-10}秒で、宇宙の温度は10^{15}K（1000兆度）です（ここで示す温度は厳密ではなく、桁が正しいと思ってください）。その時の素粒子の持つエネルギーは、ほぼ200GeVであり、電弱相互作用のW／Z‐ボゾンが生成されるエネルギーです。

私たちは、ヒッグス粒子の発見により、素粒子標準理論の一部をなす電弱統一理論が「正しい」理論であると知っています。したがって我々は、素粒子標準理論が取り扱うことができる開闢後10^{-10}秒以降の、1000兆度よりも温度が低い宇宙を、サイエンスとして記述する術を持っているのです。

逆に、開闢後10^{-10}秒以前の、より温度の高い宇宙を理解するためには、電弱統一理論と強い相互作用を統一する大統一理論や、もっと先の重力を含めた統一理論が必要であり、それらはまだ完成していません。ここでは、開闢後10^{-10}秒以降の世界を簡単に説明しておきたいと思います。

宇宙における素粒子の生成と消滅

まず、一般的な簡略化した話をしておきます。素粒子には、必ず反粒子が存在します。宇宙の温度が素粒子Aの質量の2倍よりも高い時は、素粒子Aとその反粒子$\bar{A}$が作られます。ここでは、Aは、クォーク、レプトン、力の粒子等の素粒子であるとします。粒子と反粒子は、対で同じ量だけ作られます（対生成）。対生成と同時に対消滅もしますが、平衡状態となっているので、粒子・反粒子は一定量存在します。そしてこの量は温度で決まります。

実際の粒子のエネルギーは、その素粒子がフェルミオンならフェルミ－ディラック分布、ボゾンならボーズ－アインシュタイン分布と、統計力学で学ぶ分布に従っています。そのため、生成され始める温度も消滅してしまう温度も正確に2×質量に対応したものではなく、実際には「幅」があることになります。以下では、この「幅」を無視したように説明をしますが、簡略化していることを、片隅に覚えておいてください。

温度が2×質量よりも低くなると、対生成は起こらずに対消滅が起こるため、この素粒子Aは、徐々に消滅してゆきます。したがって、質量の重い素粒子は、温度が高い時に、すなわち、宇宙開闢後の時間の早いうちに消滅します。また、消滅する前に宇宙膨張により、密度が薄められ、反応が起こらなくなる場合には、その時点で、粒子・反粒子は、温度に支配された世界から分離され、自由になります。これを、脱結合（freeze out）といいます。

もう一度まとめると、宇宙初期に生成された素粒子のエネルギーはある分布に従っています。宇宙が膨張し、温度が下がってゆく過程において、その数は、温度の変化に従い、徐々に減少してゆきます。さらに、宇宙膨張により粒子同士が引き離されてゆくので、反応の強さが宇宙膨張に負ける場合は、消滅できなくなり、宇宙におけるその素粒子の数が、固定されます（脱結合）。粒子の相互作用としては弱い場合にこのようになります。ある種のダークマターは、このように作られたと考えられています。反応の強さが強い場合には、宇宙膨張で引き離されるよりも消滅反応が勝ち、その素粒子は宇宙から消滅します。

●電弱分化

宇宙開闢後10^{-10}秒の世界の話です。エネルギーはおよそ２００GeVで、温度換算すると、10^{15}Kです。これより前（宇宙開闢を起点とする）の宇宙を探索できる素粒子理論を、今、我々は持っていません。そこでは、我々の知っているすべての素粒子（クォーク、レプトン、力の粒子）は、質量を持たない「輻射」であり、素粒子の灼熱スープになっています。温度が10^{15}K近くになると、質量を与える役割を担っているヒッグス粒子が機能しだして、弱い相互作用の力の粒子であるW - ボゾンやZ - ボゾンに質量を与えます。同じ頃、クォークやレプトンも質量を持つことになります。このエポックで、弱い相互作用と電磁気力が分化してゆきます。

そして、温度が下がるにつれ、W／Z‐ボゾンや重いクォークは対消滅あるいは崩壊してなくなってゆきます。

●強い力の相転移

温度が下がり10^{11}～10^{12}K（10～100MeV）に近くなると、クォークからハドロンが作られる、強い力のQCD相転移が起こります。その時期には、c、b、t‐クォークとタウは、重過ぎて対生成はされません。すなわち、すでに存在していません。s‐クォーク（95MeV）とミュー（105MeV）もほぼ消滅しています。したがって、存在しているのは、u、d‐クォークとそれらの反粒子、電子、ν_e、ν_μ、ν_τなどのレプトンとそれらの反粒子、そして8つのグルオン、および光子（フォトン）です。

u、d‐クォークの質量は、数MeVですので、この頃はクォークとグルオンのプラズマとして存在しています。温度が10^{11}Kを切る頃、ハドロン物質に転化します。これがQCD相転移で、クォークの閉じ込めが起こり、ハドロン（バリオン（中性子や陽子など）と、メゾン）とその反粒子が作られます。しかし、作られたハドロンは、周りの温度と比べて重いので、相転移で作られた以上に対生成されることはありません。ちなみに、ハドロンの質量は、π中間子が135

MeV、陽子、中性子が940MeVです。したがって、作られたハドロンとその反粒子は消滅してしまいます。

しかし、これ以前のエポックに「バリオン数生成」(第12・6節で説明)が行われていれば、バリオンは残り、このQCD相転移の時に同時に「バリオン数生成」が行われていれば、すべてのバリオンは対消滅できず、10^{10}分の1のバリオンが残り、これが現在宇宙にある「物質」の源になります。このエポックの後、宇宙には、バリオンの他に、電子、陽電子、ニュートリノ×3、反ニュートリノ×3、光子が残存しています。

●ニュートリノの脱結合

温度が下がり、1.5×10^{10}K(1・5MeV)あたりまでは、電子+陽電子とニュートリノ+反ニュートリノが熱平衡になっています。1・5MeV以下になると、宇宙膨張が、反応の強さに徐々に勝るようになります。ニュートリノが、電子・光子の熱浴と分離・脱結合し、ニュートリノと反ニュートリノが、反応せずに自由に飛び回るようになります。宇宙背景ニュートリノの生成です。

現在、宇宙背景ニュートリノの絶対温度は、1・95Kで、密度が110個/㎤/種類で、1㎤あたり330個になります。エネルギーが小さいので、相互作用は非常に弱いです。

宇宙背景ニュートリノを観測することにより、宇宙開闢1秒後の宇宙を見ることになります。そして、ニュートリノの質量があまりよくわかっていなかった頃、宇宙背景ニュートリノがダークマターではないかと考えられていたことがありました。残念ながら、ニュートリノ振動の研究の結果、ニュートリノがダークマターとして必要なすべての質量を担うことは不可能であることがわかりました。

ビッグバン原子核合成

10^9K（0・1MeV）くらいからビッグバン原子核合成が始まります。時間的には、1秒から1000秒にかけてです。この宇宙初期での元素合成のことを書いた、ワインバーグの一般向けの有名な本が『最初の3分間』といったタイトルでした。通常物質の主な要素、すなわち元素の合成が、宇宙開闢3分ほどで行われたという話です。

最初の3分間で原子核が合成され始め、その成分は、水素が75%、ヘリウム4が25%、そして少量の重水素（1／10^5～1／10^4）、ヘリウム3（1／10^5）、そしてリチウム7（1／10^{10}～1／10^9）です。この元素合成は、密度が約10^{-2}g／cm^3での融合反応であり、たとえば、星の中や超新星での合成は、10^2g／cm^3以上と高密度での過程になります。この元素合成の理論は、標準宇宙論のテストにもなり、観測とよく一致していることが示されました。ここで、合成された「元素」が、ダークマターと対比される「通常の物質」であり、総量は、宇宙の物質・エネルギーの5％ほどになります。

宇宙の晴れ上がりと宇宙背景輻射

ここで一気に38万年飛びます。宇宙の温度がほぼ３０００Kの時です。宇宙は、電離した陽子と電子、ヘリウムにごく少量の軽元素、３種類のニュートリノ、そして光子で満ちています。おっと、それにダークマター。ダークマターがいつどこでどのようにできたかは、まだわかっていませんが、宇宙背景輻射（ＣＭＢ）には、すでにダークマターの痕跡が明らかにあります。

宇宙の温度が３０００Kよりも高いと、原子はイオン化しており、光はイオン化した原子や電子と頻繁に衝突します。したがって、光が一気に遠くにまでは飛んでゆくことができず、拡散しながら伝わってゆきます。３０００Kよりも低くなると、電子は原子に捉えられ、原子は中性化します。再結合ともいいます。そのようになると、光は裸の電荷が見つからないので、原子と相互作用をせずに、宇宙空間を自由に突き進み始めます。光は、この時以降、散乱しないので、「最終散乱」と称することもあります。また、これを称して、「宇宙の晴れ上がり」という人もいます。この時に突き進み始めた光が、宇宙背景輻射となって、今、我々に到達しています。

宇宙の大きさは、今の約１０００分の1です。３０００Kは、今、３Kの宇宙背景輻射として観測されています。厳密には、$T=2.7277\pm0.0002$Kの黒体輻射です。宇宙背景輻射は、今日に至るまで散乱していません。したがって、それは宇宙開闢38万年後のスナップショットであると言ってもよいでしょう。物質はほぼ一様、星、銀河などはまだ存在していません。温度には、10万分の1のゆらぎが観測され、これは、物質密度のゆらぎを示しています。そして、この時以降は、光（電磁波）で見ることのできる宇宙になります。

4・8　宇宙開闢にさらに迫るヒント

現在の素粒子標準理論では、開闢後10^{-10}秒まで遡ることができます。それより先、さらに開闢に近づくにはどのようにしたらよいでしょうか。現在の標準理論を超える、素粒子の理論を追究してゆくことで、宇宙の始まりに遡ってゆくことができます。強い相互作用と電弱相互作用を統一する大統一理論のエネルギースケールは10^{16}GeVで、現在の標準理論の10^{2}GeVの10^{14}倍です。大統一理論は未完ですが、宇宙開闢後10^{-36}秒後の宇宙にまで、戻れる可能性があります。これは、後述するインフレーションが起こったとされるよりも前（開闢に近い）です。この大統一理論では、クォークとレプトンを一つの同じ仲間の素粒子として取り扱います。そのため、標準理論では安定だと思われている陽子が崩壊することが予想されているのです。実験的にも現在陽子崩壊の探索は続けられています。陽子崩壊が観測されれば、大統一理論に大きく近づくことになります。

ニュートリノの質量がなぜ小さいのかを説明するのに、大統一理論に近いエネルギースケールが出てきます。これも、将来の統一理論へのヒントかもしれません。

また、大統一理論では、物質創成につながる「バリオン数生成」を説明できるのではないかと考えられていましたが、最近は、ニュートリノのCP非保存（第12・6節参照）から、物質創成を説明できるのではないかとも考えられています。ニュートリノ質量、ニュートリノのCP非保存の研究を通じた、物質創成への肉薄も将来への大きな道筋です。

ダークマターに関連して出てくる超対称性理論は、統一理論へのもう一つの道筋です。これは、重力を含めて考えることができるので、最終兵器となる可能性もあります。そのためには、WIMPダークマターが見つかることが大きな一歩になります。ダークマター探索の大きな意義がここにもあります。

第5章 見えないものを見る

5・1 可視光

夜空を眺めると、無数の星が輝いています。肉眼で見える星は6等星程度までですが、人工の光や大気の汚れによって、年々見える星の数は減ってきています。それでも、シリウスなどの明るい星は、大都会の夜空にも輝いて見えます。望遠鏡が発明される前、人は自身の目で宇宙を見てきました。人の目で見える波長（可視光）の限界は、個人差も大きくありますが、短波長（紫）側で400nm、長波長（赤）側で800nmのあたりです。それより短い、あるいは長い波長は目では見えません。地球の大気は、可視光に対しては透明です。太陽からの「可視光」が地表まで届き、生物は、それを利用してきました。だからこそ、人間の目が「可視光」に対して感度を持ったのでしょう。

可視光でも光が弱ければ目で見ることはできません。その時は、望遠鏡を使って光を集め、弱い光でも見えるようにしました。誰が望遠鏡を発明したのかは、諸説紛々ですが、1609年にガリレオ・ガリレイが、それまでに作られていた望遠鏡を知り、それを真似て自作し、初めて天体を観測しました。見えないものを見たというよりは、見にくいものを見やすくしたという程度だったのでしょう。

目の代わりに、写真で撮影することはかなり以前から行われていますが、最近ではデジカメなどに使われているCCD撮像素子や、より高性能なCMOSイメージセンサーなどによって、デジタルで撮像することができ、そのまま、デジタルデータとして処理ができます。フィルターを使って特定の波長を測ったり、連続的なスペクトルを観測したりすることもあります。

可視光観測の欠点の一つは、太陽の影響のない夜しか観測ができないことです。また、可視光を地表から観測する時には、大気のゆらぎの影響があり、あまり分解能は上がりません。きれいな分解能を持った、精度の高い観測がしたければ、大気圏外に出て行う必要があります。1990年に打ち上げられたハッブル宇宙望遠鏡は、大気圏外の可視光望遠鏡です。直径2・4mの主鏡が、長さ13mの筒におさめられていて、重量は11トンあります。2016年、ハッブル宇宙望遠鏡は、目では全く見ることができない観測史上最も過去の銀河、134億年前の銀河の観測にも成功しています。

5・2 目に見えない光――電波・赤外線

可視光よりも短い、あるいは長い波長で観測すると、どういう良いことがあるのでしょうか。もちろん、人間の目では見ることができないので、観測しようとする電磁波の波長に適した専用の望遠鏡が必要になります。

宇宙から飛来する可視光以外の電磁波で、最初に捉えられたのは電波でした。可視光を通す「大気の窓」は、実は、波長が数㎜よりも長い電波にも開いていたのです。したがって、電波観測は地上からでも可能でした。1931年に、ベル研究所のジャンスキー（Karl Jansky）は、遠距離無線通信の雑音を調べていて、どうしても、どこから飛んできているのかわからないものを見つけました。それは毎日同じように現れ、しかも規則正しく23時間56分でずれてゆくのです。〝恒星〟の動きと同じでした。結局それは、我々の銀河を発生源とする電波だったのです。ジャンスキー（Jy）というのは、今では、電波強度の単位としても使われています。

最初から電波天文学を目的とした望遠鏡を作ったのは、リーバー（Grote Reber）でした。1937年のことです。その翌年、銀河面からの電波を発見しています。電波は超新星残骸からやってきたシンクロトロン輻射でした。

もう一つの重要な電波源は、21cmの輝線を放つ中性の水素原子です。これにより、我が銀河内の水素原子の分布もわかり、我が銀河が渦巻き銀河であることがわかりました。電波観測は、多くの銀河の回転速度の測定にも貢献し、ダークマターの議論にも大きな役割を演じています。電波観測により、活動銀河核であるクェーサー（第9章参照）、宇宙背景輻射、パルサー（第12章参照）なども発見され、宇宙の活動的なイメージができあがりました。また、水素以外の星間ガスの発見にもおおいに貢献しています。ミリ波のレベルになると、極低温のガスや塵《ちり》の観測が可能となり、星の源となる物質を調べることもできます。

より高精度な観測をするため、電波望遠鏡の分解能を高くするには、大きな開口が必要になります。日本の野辺山の電波望遠鏡は45mの直径です。さらに大きな開口を得るためには、いくつかの望遠鏡をつないで、一つの巨大な望遠鏡として機能させる必要があります。チリに建設されたアルマ望遠鏡は、口径12ｍのアンテナ54台と口径７ｍのアンテナ12台の合計66台を運用することで、一つの巨大なアンテナを作っています。

赤外線は、可視光と電波の窓に挟まれています。したがって、観測するには、衛星を利用するなど、大気圏外に出る必要があります。ただし、可視光に近い近赤外では、地上でもなんとか観測することが可能です。

最初に近赤外の観測をしたのはノイゲバウアー（Gerry Neugebauer）たちです。１９６５年に、全天で最も強い赤外線天体の一つである、いわゆるベックリン－ノイゲバウアー天体（ＢＮ天体）を２㎛の波長で発見しています。分子雲の中に隠れている温度の低い、恒星になる前の原始星を観測したものです。これは、星の誕生域の様子が赤外線で見えるということを示しています。

遠方の銀河の発する可視光は、宇宙膨張のため、赤外線で見えます。したがって、赤外線での観測により、初期の銀河の様子を知ることができます。中間から遠赤外の観測は、赤外線天文衛星などが活躍しています。

5・3　目に見えない光――紫外線・Ｘ線・ガンマ線

紫外線は、X線の長波長端ですが、可視光に近い近紫外光は、大気を通過することができます。しかし、200㎚より短い、真空紫外と呼ばれる波長域では、人工衛星やロケットを使う必要があります。光電効果を使って、直接検出することも可能ですが、蛍光体などを利用して可視光に変換して検出する場合が多いです。

中性の水素はその電離エネルギーである13・6eV（91・2㎚）より短い紫外線を吸収してしまうため、紫外線は中性の水素に邪魔をされて、遠くの天体は観測できないのではないかと、当初考えられていました。したがって、紫外線では、近場の太陽表面の活動や、近くの星の観測などに限られるとされていました。しかし、我々の近傍では、中性の水素は、多く電離しているということがわかり、紫外線の吸収も少ないということがわかりました。したがって、紫外線でも遠方まで見えることがわかったのです。

遠方の天体が発する紫外光は、赤方偏移により近傍では観測しやすい可視光に対応します。したがって、近傍の天体の紫外光の観測は、遠方天体との比較対象のため、その重要性を増しています。最初のシステマティックな紫外光天体サーベイは、1978年に打ち上げられた、IUE（国際紫外線天文衛星）です。

X線は、地球の大気によって吸収されますので、検出器は人工衛星に搭載されます。初期の頃は、気球やロケットが用いられていました。X線には、波長の長い軟X線と短い硬X線があります。X線は、一般的には可視光のように反射はしませんが、0・1〜1nm以上の軟X線なら、浅い角度で反射するので、入射する方向にミラーをうまくアレンジすることで集光することができます。斜め入射を使えない、硬X線に対しては、小田稔の考案した、すだれコリメータや、コーデッドマスクと呼ばれるものを使い、X線源からのX線を選択的に観測します。撮像素子であるCCDやボロメーターでエネルギーを含めて観測することができます。また、蛍光体を利用して、可視光に変換した後、検出することもできます。

1962年、ジャッコーニ（Richardo Giacconi）が、ロケットにX線検出器を搭載して、さそり座にX線天体を発見しました。それまでの常識では、太陽だけがX線源であると考えられていました。X線は、中性子星やブラックホールに周りの物質が落ち込む時に、高エネルギーまで熱せられ発生します。また、銀河間の高温のガスからも放出されています。X線の観測により、銀河間ガスが定量的に測定され、それが、星などの可視光で見える物質の数倍から10倍程度あることがわかりました。見えないダークマターの探索においても、この、可視光では見えない星間物質、銀河間物質をきっちり考慮しなくてはなりません。

X線よりも高いエネルギーを持つものがガンマ（γ）線です、とよく言います。我々もそのように使ってしまうことが時々ありますが、正しくはエネルギーの高低で区別しているのではありません。X線は電子の変化に関連して発せられるもの、たとえば、原子内で電子の軌道が変わるなどによって発生するものであり、ガンマ線は、原子核の変化に伴って発生するものです。あるいは、素粒子の反応や崩壊によって発生するのもガンマ線です。ガンマ線は、熱的に発生するものだけでなく、宇宙の動的現象、高エネルギーにまで加速された素粒子や原子核反応によっても発生するのです。したがって、ガンマ線を発生する天体には、たとえば、粒子加速が活発に行われている超新星残骸や中性子星であるパルサー、あるいは活動銀河核などがあります。もちろん、ダークマターが対消滅をしてガンマ線を発生することもあります。ガンマ線は磁場で曲がったりせず、まっすぐ一直線に到達するので、ダークマターの発生源を同定することができます。

しかし、ガンマ線は、X線同様、大気で吸収されますので、通常は検出器を人工衛星に搭載するなどして、大気圏外に持ってゆく必要があります。宇宙から来るガンマ線を初めて観測したのは、ガンマ線検出器を搭載した核実験監視用の人工衛星でした。1967年のことです。しかしこれは、しばらくは軍事機密として扱われており、この毎日一回バースト状にガンマ線が飛び込んでくるのが、太陽系外から来ているガンマ線バーストであると発表されたのは、6年後の1973年になってからでした。

宇宙からくるガンマ線の研究が本格的になったのは、1991年にコンプトンガンマ線観測衛星を打ち上げて以降のことです。

ガンマ線は望遠鏡やアンテナを突き抜けるので、見えないガンマ線を捕まえるには、ガンマ線を標的にぶつけて、見える信号に変換してやる必要があります。たとえば、蛍光体にガンマ線を当てると、蛍光を発生するので、その蛍光を計測することで、ガンマ線を検出することができます。光に変換する代わりに熱に変換し検出することもできます。

ガンマ線の検出方法でユニークなのは、ガンマ線を吸収する大気を逆にガンマ線の標的にしてしまった空気チェレンコフ検出装置です。宇宙から高エネルギーのガンマ線が大気に突入すると、大気との衝突が連鎖反応的に起こり、荷電粒子を大量に含むシャワーが発生します。この荷電粒子が、空気チェレンコフ光を発生するので、それを、地上に構えた集光器で検出します。この方法だとエネルギーの高いガンマ線まで、効率良く検出することができます。

ここで説明したガンマ線の検出の方法は、そのまま、ダークマターの対消滅から発生するガンマ線の検出にも使えます。

5・4　見えない粒子

光・電磁波の世界では、どんなに倍率の高い望遠鏡を使っても、可視光以外は人の目では見えません。しかし、たとえば長波長の電波は、その波長にあった望遠鏡（電波には電波望遠鏡）を使えば、検出をすることは可能で、さらに測定結果を可視化することもできます。短波長のガンマ線を「見る」には、ガンマ線を標的に当て、２次的に発生する光や熱を測ります。

宇宙からは電磁波でない、目では見えない「粒子」も飛来しています。最も有名になったのは、ニュートリノでしょう。また、最近では、重力波もそのような仲間です。重力波を粒子と言うのははばかられるという方もおられるかもしれません。その時は、重力波は重力子であるというようにお考えいただければよいでしょう。

見えない電磁波を見るためには、それぞれの波長にあった望遠鏡を使いました。見えないニュートリノを見るには、「ニュートリノ検出器」が必要です。ニュートリノは、物質と反応を起こす確率が小さいので、膨大な物質が必要です。日本に世界最大のニュートリノ検出器がありま す。スーパーカミオカンデと呼ばれ、5万トンの水がニュートリノの標的となります。ニュートリノが水と反応すると、電子などの荷電粒子が発生し、それらがチェレンコフ光を誘発するので、それを光検出器で捉えます。スーパーカミオカンデの大きさをもってしても、太陽からのニュートリノが一日15事象程度しか捕まえられません。ニュートリノを検出するには、実際には、様々な方法があります。いずれにしろ、ニュートリノが標的と反応して発生する二次的な信号を捉えることになります。

重力波は、空間の歪みの伝搬ですから、その検出には、距離を精密に測る仕組みを使います。通常、2本のレーザー干渉計を直角に配置します。その長さは3㎞もあります。それぞれにレーザー光を往復させ、常に距離を正確に測っています。重力波が通過すると、一方が伸び、もう一方が縮みます。その歪みを計測することで、重力波が通過したかどうかがわかります。

ニュートリノや重力波は、「宇宙を見る新しい目」であるとよく言われます。それは、単に、電磁波ではない新しい手段で宇宙を見るという意味だけではありません。その対象とするところが大きく違うのです。

電磁波では、天体表面の現象しか見ることはできません。もちろん、内側も多少覗くことはできますが、星の中心部等は見ることはできません。これに対して、ニュートリノや重力波は、電磁波では見えないところで発生します。たとえば、超新星の爆発を例にとると、ニュートリノは、星の内部が重力崩壊をして、中心部に中性子星ができ、衝撃波が中心から外側に向かってゆく時に大量に発生します。

重力崩壊とは、星の中心部で核融合反応により、徐々に重い原子核が作られ、中心部がその重い自重に耐えきれなくなった時に潰れてしまうことをいいます。この重力崩壊時に重力波も（条件が整えば）発生します。ニュートリノと重力波は、ほぼ同時に、爆発寸前の星を離れ、宇宙に飛び立ちます。しかし、この時、星はまだ爆発していません。星の爆発が見えるのは、中心から発生した衝撃波が星の表面に到達した時です。その時、衝撃波が星の表面を吹き飛ばすのです。

実際、ニュートリノや重力波が飛び出してから、数時間後に、星が爆発します。ニュートリノと重力波は、光では到底知ることのできない重力崩壊や、中性子星あるいはブラックホールの形成を、時間を追って我々に教えてくれるでしょう。まさに、「見えない場所」を見せてくれるのがニュートリノや重力波です。

ダークマターは、まだその正体がわかりませんので、その測定の仕方は、多くの仮定のもとに考えられています。そういう意味では、いままでにない経験を我々はしているのだと思います。見えないダークマターを、文字通り、手探りで探していることになります。重力レンズ（第9章参照）による観測で、その空間的分布は、かなりよくわかってきました。しかし、逆に、重力以外の観測では糸口すらありません。ひょっとすると、「見えない」ままなのかもしれません。こういう時が、実は実験の醍醐味《だいごみ》が味わえる時で、実験屋の腕の見せ所かもしれませんね。

第Ⅱ部

あるのに見えない「ダークマター」

第6章　宇宙の階層とダークマターの影

前章までに、ざっくりした話にはなりましたが、一通り「宇宙と素粒子」の概略をお話ししました。それは、これからお話しするダークマターの背後にあるものです。以下の章では、ダークマターとはそもそも何か、そしてダークマターがあるという証拠は何なのか、ダークマターには役割はあるのか、どうやってダークマターを探索し、その正体を暴いてゆくのかなどの話をしてゆきます。

この章では、イントロダクションとして、ダークマターの概要を簡単にまとめます。初めて登場する用語もありますが、後ほど詳しい説明を入れていますので、とりあえず想像を働かせておいてください。ダークマターは影のような存在です。「ある」のはわかるのですが、捕まえたと思っても、すぐ逃げてしまいます。その影のようなダークマターの証拠は、現在のところ宇宙論的な議論や、宇宙の大規模構造、銀河や銀河団などスケールの大きな天体に与える重力の影響などから得られているだけです。

―巨大宇宙の背景に

第4・2節「極大の世界へ」で、宇宙のスケールを説明しましたが、現在観測可能な宇宙の大きさは、約465億光年（約4×10^{26}m）です。138億年前に出た光は、宇宙空間の膨張により引き伸ばされている空間を旅してきました。宇宙のサイズは、その間にほぼ1000倍になっています。したがって、138億年前に3000Kだった光は今3Kになっています。その宇宙の最果ての光による観測、すなわち、3Kの宇宙背景輻射（CMB）の様相には、ダークマターの存在が色濃く反映されています。驚くことにダークマターの定量的な決定が、この宇宙背景輻射の「ゆらぎ」の測定を通じて得られているのです。

宇宙の構造を作るもの

近年、宇宙における銀河の分布、いわゆる銀河地図が得られるようになってきました。それによると、約10億光年よりも遠方の銀河は、ほぼ一様に分布しています。宇宙の観測は、遠くを見ることが過去を見ることです。したがって、昔の宇宙では、銀河の分布がほぼ一様に近かったことを示します。

10億光年よりも近傍の銀河は、網目状に連なって分布するような構造になっています。別の比喩をあげると、泡だらけのバブルバスの泡のようなもので、泡の表面・境界、すなわちシャボンの場所に銀河がつらなり、それぞれの泡の中には、銀河があまりないような構造になっています。ほぼ一様な分布をしている過去から、徐々にこのような構造が作られてきたのです。このような「大規模構造」の影の立て役者はダークマターなのです。

銀河や銀河団に見えない質量が

大規模構造には、多くの銀河が集まっている場所があります。数百、数千個の銀河が集まっているところが銀河団です。面白いことにこの銀河団を構成している銀河同士の距離は、ほぼ銀河の大きさ程度です。たとえば、多くのシャボン玉（銀河と見なす）を飛ばした時に、シャボン玉の直径とシャボン玉同士の間隔が、ほぼ同じになった情景を思い浮かべればよいでしょう。銀河団のサイズは様々ですが、１００万光年（約10^{22}ｍ）から１０００万光年（約10^{23}ｍ）程度です。我々に最も近いおとめ座銀河団までの距離は、約６０００万光年（約６×10^{23}ｍ）程度になります。

我が天の川銀河も、アンドロメダ銀河やマゼラン雲を含むローカルな銀河団（少し規模が小さいので銀河群と呼ばれています）に属し、それら銀河団（群）がいくつか集まったおとめ座「超」銀河団の一員ということになっています。

すべての質量を持った物質に重力は働き、お互いに引き合います。もちろんダークマターも質量を持ち、重力が働きます。重力は引き合う力が非常に弱いので、多くの物質が集まっているところで、顕著にその影響を見ることができます。そして、集まれば重力が強くなり、お互いに引き寄せる力が増大してゆきます。人類が最初にダークマターの存在に気がついたのは、3・2億光年離れたかみのけ座銀河団に属する多数の銀河を観測した時でした。80年程前のことです。また、銀河の回転速度の観測は、銀河にまとわりつくダークマターの強い証拠を示しています。もちろん、我が銀河にもダークマターの存在証拠があります。重力を通じたダークマターの影は、銀河よりも大きなスケールで、明確に得られており、銀河や銀河団の運動に確実に影響を及ぼしています。そして、銀河団や銀河は、重力レンズ（第9章参照）によるダークマターの分布の研究の主力部隊でもあります。

●ダークマターの相互作用を見る

さて、ダークマターを重力の相互作用以外で見つけようという観点から、我が銀河の近辺や内部でのダークマターの振る舞いに目を移してみましょう。銀河の回転速度などの観測から、銀河にまとわりつくダークマターの存在量は、かなりよく推定されています。そして、そこでは、ダークマター同士が対消滅し、その時にガンマ線やニュートリノ、そして反物質などが発生し、それが、地球にまで飛来している可能性があるのです。そのような信号を観測することで、ダークマターを、重力以外の相互作用で、間接的に観測できる可能性もあります。現在のところ確実な証拠は得られていませんが、この方向の研究は大いに進んでいます。

もっと直接的に、実験室に置かれた検出器でダークマターと標的物質との反応を観測しようという試みも多くなされています。私も実は、この「実験室における観測」をやってきた一人です。もし、観測に成功すれば、ダークマターを直接「見つけた」と言えるだけでなく、ダークマターの素粒子としての詳しい性質がわかります。これまでに、世界中で競争が繰り広げられていますが、万人が同意できるような証拠は得られていません。いくつもの実験がダークマターの証拠を見つけたという報告をしましたが、ほとんどすべてが否定されています。1つだけ、どんな批判にも耐え、生き残っているデータがあります。証拠は強いのですが、他の多くの実験結果と矛盾しています。したがって、すべての人が結果を受け入れてはいません。これについては、後章でもう少し詳しく説明します。

では、とりあえず、ダークマター研究の歴史の紐解きから始めましょう。

第7章　1933年の不思議

地球から約3・2億光年離れたところに、かみのけ座銀河団があります。およそ1000個の銀河の集まりで、我々の銀河系のディスクのほぼ法線方向にあるため、視野に我が銀河に属する恒星があまりありません。観測・研究がとてもやりやすい銀河団です。1933年、この銀河団の重さを測ろうとした人がいました。ブルガリア生まれでスイス国籍の天文学者、ツビッキー（Fritz Zwicky）で、かみのけ座銀河団の「質量」を独立な2つの方法で「測定」しました。銀河団の全光量から質量を推定する方法と、銀河団に属する銀河の運動から計算する方法です。ツビッキーは、当時、超新星研究のパイオニアで、このような計測の専門家でした。この2つの独立な方法で測定した結果が大きく違い、最初の謎を示すことになります。

1933年という時代をおさらいしましょう。これまでの話に出てきた、宇宙膨張を証拠付ける距離－速度の関係が明らかになったのが1927年（ルメートル）そして1929年（ハッブル）であり、ルメートルがビッグバンの雛形を提示したのが1931年です。したがって、銀河の質量を求めるのに必要な速度の測定は当時すでに広く行われ、信頼性も高くなっていました。

運動から決める質量

銀河団の中の個々の銀河の運動（速度）は、その銀河に対して銀河団が作り出す重力ポテンシャル（重力ポテンシャルエネルギー）によって決まります。重力ポテンシャルは質量が作り出すものですから、銀河の運動がわかると銀河団の質量が決まることになります。ただし、銀河団も全体として動いているので、銀河団に属する銀河の速度は、測定した速度から、全体の速度（銀河団の重心の速度）を差し引く必要があります。

また、速度の測定は、望遠鏡でのぞいている方向に対して、どのくらいの速度で近づいているのか、遠のいているのかしかわかりません。これを視線速度といいます。観測では、この視線速度を赤方偏移（後退速度）や青方偏移（第2・3節参照）で決めます。実際には、銀河ごとに計測されたこの視線速度を使って、3次元的に再構成し、さらに、銀河団全体としての運動を考慮します。したがって、実際の作業は大変なものであり、しかも多くの誤差が入り込みます。

ある重力ポテンシャルの中で運動している物体の運動エネルギーは、「長い」時間が経つとポテンシャルエネルギーの半分になります。ポテンシャルエネルギーの半分が運動エネルギーに変わったと考えてよいでしょう。直感的にもなんとなくそんな気がしてくると思います。実際、ビリアル定理といわれていますが、名前はどうでもよいでしょう。要するに、運動速度がわかれば、重力ポテンシャルがわかり、全体の質量が求まることになります。

ツビッキーは、銀河団全体の運動を差し引いた視線速度の平均値として、1200km／sという結果を得ました。これから銀河団の全質量を9×10^{43}kgと求めています。かみのけ座銀河団には、約1000の銀河がありますから、1銀河の平均質量は9×10^{40}kgとなります。星の重さの基準として太陽質量$M_{\odot}=1.99\times10^{30}$kgをよく使います。それを用いると、1銀河の平均質量は

$4.5\times10^{10}M_\odot$となります。仮に銀河に属する星が〝すべて太陽〟だとすると、1つの銀河には、4.5×10^{10}個の太陽があることになります。もちろん、すべてが太陽のような星ではありませんので、実際の星の数を求めるには、銀河内の星の質量分布を知る必要があります。

●光量から決める銀河団の質量

星の質量と、星の光度（明るさ）には関係があります。星の一生（寿命）は、誕生した時の星の重さでほぼ決まってしまいます。重い星の寿命は短く、軽い星は長いです。そしてその最後の迎え方も誕生時の質量によって異なります。

燃料を多く持つ重い星の寿命が長いようにも思えますが実は逆です。質量が重いと縮まろうとする重力がより強く働くので、星が潰れないように、それに逆らう星の内部の圧力・温度がより高くならねばならず、核燃焼が速く進むことになります。その結果、寿命が短くなります。

太陽の寿命は100億年ですが、太陽の10倍の重さを持った星の寿命は2600万年です。そして、星はその一生の期間のほぼ90％の長きにわたり、主系列と呼ばれる安定した状態で過ごします。主系列では、それぞれの質量に応じて決まった明るさ、そして決まった温度で長い間燃焼していることになります。重い星はより明るく輝きますが、一生も短いし、主系列にいる時間も短くなります。したがって、銀河内での星の質量分布がわかれば、銀河の全光量がほぼわかることになります。逆に、銀河の全光量から銀河内の星の質量分布を知ることで、その全質量を求めることもできます。たとえば、質量分布は、一般的にどの銀河でも同じであるとすると、近傍の星々の観測などからも知ることができます。それらの観測結果を使って、銀河の光量から質量を推定することができるのです。

●かみのけ座銀河団のダークマター

ツビッキーの光量観測結果は、太陽の光度$L_{\odot}=3.84\times10^{26}$J／sを単位として用いると、1銀河あたりの平均光度として$8.5\times10^{7}L_{\odot}$となりました。これを質量に換算するには、別途、星の質量分布あるいは、星の平均質量を知る必要があります。もし、銀河を作っている星の平均質量が太陽程度ならば、質量は簡単に$8.5\times10^{7}M_{\odot}$となります。そうすると、（運動で求めた質量）／（光から求めた質量）$=4.5\times10^{10}M_{\odot}/8.5\times10^{7}M_{\odot}$で、約500となります。実際に、ツビッキーは我々の近傍の星の集団を詳しく観測して、銀河内の星の平均質量は、太陽質量の約3倍であるとしています。したがって、最終的に（運動で求めた質量）／（光から求めた質量）は約160となりました。

ツビッキーのこの1933年の結果は、銀河団内の個々の銀河の運動から推定された銀河団の全質量は、銀河の光学観測から決めた銀河団の質量のおよそ160倍であることを示しています。この160倍という値は、現在、我々が知っている最良の値、すなわち、「銀河の運動から決めた質量は、光っている物質量の10倍程度である」という値より、10倍以上も大きいものです。しかし、この違いは、以下に説明するように、当時から現在までに大きく改善したハッブル－ルメートル定数と、当時は観測できなかった星間物質、銀河間物質によるものでほぼ説明されます。当時の観測精度からすると、現在知られている値と同じであったと言ってよいでしょう。

現在ハッブル－ルメートル定数は、約70km／s／Mpcですが、1930年代の頃の値は約500km／s／Mpcでした。この違いの一番大きな理由は、当時の距離の決定方法に大きな誤差があったことによります。距離に換算してほぼ7倍の違いであり、実際3・2億光年の距離にある、かみのけ座銀河団までの距離が4500万光年と思われていたのです。銀河団のサイズも同様に7倍小さく見積もられていました。観測された銀河の速度を生み出す重力ポテンシャルが、より小さい範囲でのことと思われていました。これは、実際より7倍強い重力ポテンシャルを必要としていたことになります。実際は7倍広い空間のことなので、必要な質量は小さくなります。

さらに、星と星との間や銀河と銀河の間にガス（星間物質等）が存在していることは知られていましたが、その量に関してはよく見積もられていませんでした。銀河団の重さは、星の重さだけでなく、星間物質、銀河間物質も大きく寄与しているのです。この銀河団間ガスは、今では、X線により観測することが可能で、その質量も決定することができます。ハッブル－ルメートル定数の変遷と、銀河間ガスの総量を考慮すると、現在の我々の知識に、ほぼ近い値になります。それでも、決定の誤差は大きなものでした。

ダークマター発見の舞台裏

1933年のツビッキーの論文には、ダークマターという言葉が、4回出てきます。ドイツ語の論文ですので、〝dunkler Materie〟と書かれています。そのうちの1つが、何の説明もなく、「冷たいダークマター（〝dunkle (kalte) Materie〟）」とされています。「冷たい」を意味するKalteが括弧で囲まれているのは原論文のままです。ツビッキーが、どのように考えて「冷たい」と、しかも括弧つきで記述したのかはわかりません。しかし、非常に興味をそそられることです。ツビッキーは1933年にドイツ語の論文、そして、1937年に、英語の論文を書いています。この章の話はこの英語の論文も参照しました。

このダークマターの〝最初の示唆〟に関して、例によって〝関連話〟があります。ツビッキー論文の1年前、オールト雲で有名なオランダの天文学者オールト（Jan Hendrik Oort）が、我々の近傍の恒星の運動を観測して、その速度が、光量から推定される運動速度より速すぎるという観測結果を出しました。速すぎるということは、影響を与える重力が見えるものからの見積もりよりも大きい、すなわち見えない質量があるということです。オールトは論文の中で、実際にダークマターと呼びました。ただ、オールト自身は、これを銀河中心に近いところで、他の星の影に隠れている星や、暗い星など、観測にかからない通常の星と思っていました。

さて、ダークマターが次に話題になるのは、1970年代になってからです。30〜40年の間、ダークマターは、あまり表舞台には登場しません。まさに、1933年の不思議です。

第8章　銀河の回転速度の謎

1970年代に入り、銀河の回転速度の測定が精力的に行われるようになりました。星やガスなどの視線速度（見ている方向の速度）の測定によるものです。これまでにも速度を決定する話をしましたが、実験屋の立場から、若干の補足をしておきたいと思います。

速度の変化は観測する光の振動数の変化に比例しますので、どれだけ精度よく振動数を測れるかということが、速度の決定精度を直接決めることになります。そして、観測に使われる基準となる光は、主に、可視光領域のH_αと呼ばれる波長656・3nmの赤い光と、21cmの電波です。ここで少し、天文学で使われる記号を復習しておきます。それぞれの観測対象の原子に対して、Ⅰは中性の原子を、Ⅱは一階電離を、Ⅲは二階電離を表します。たとえば、水素ならば、HⅠは水素原子の中性の状態、HⅡは（一階）電離した状態を表します。なんとなく、ずれている感じがして覚えにくい記号です。

中性の水素原子はあらゆるところにあります。星の少ない銀河の外側にもあります。また、HⅠ領域といえば、主に中性の水素原子で構成される星間雲を示します。中性の水素原子が大量にあるところからは波長21㎝の電波が観測されます。中性の水素原子は陽子1個と電子1個からできていて、陽子と電子のスピンの向きが同じ場合と反対の場合の2つの状態があります（第4章を思い出しながら読んでください）。反対向きの状態の方が、エネルギーが低くて安定です。少しエネルギーが高くてスピンが同じ向きの中性水素原子は、約1000万年の寿命で、波長21㎝の電波を出して安定な状態になります。安定な中性水素原子は、外からのエネルギーを得て、エネルギーの高い状態に押し上げられます。したがって、中性の水素原子のあるところからは、21㎝の電波が来るのです。そして、この21㎝の電波の赤方偏移を測ることで、かなり広範な領域の速度、大局的な構造を決めることができます。

HⅡ領域と呼ばれる場所は、その内部で星が形成され、生まれた若い大質量星からの紫外線によって、水素原子が励起や電離している非常に活発な領域です。電離した水素原子は、電子と再結合をして励起状態になり、そこから様々な光を発します。量子力学によると、電子は決まったエネルギーを持つ軌道に存在しており、電子がエネルギーの高い軌道からエネルギーの低い軌道に遷移する時に、決まったエネルギー（波長）の光を出します。水素の主量子数が3から2への遷移によって発生する光は、前述のH_αと呼ばれる656・3nmの赤い光です。可視光のため観測しやすい波長であり、電離した場所を特定するのにも役に立ちます。この光も、速度を測る基準光としてよく使われています。

●アンドロメダ銀河の回転速度の最初の測定

さて、1970年にルービンとフォード（Vera Cooper Rubin and William Kent Ford, Jr.）は、アンドロメダ銀河の回転速度を測定しました。メシエ（Charles Messier）の銀河カタログで、M31と呼ばれているアンドロメダ銀河は、地球から254±6万光年の距離にあります。余談ですが、アンドロメダ自体は、実は、視線速度300km／sで、我々の銀河に向かって近づいていることがわかっています。現在の距離254万光年は、約200×10^{17}kmに相当しますので、およそ30億年後に、2つの銀河は衝突することになります。もちろん今生きている人たちは誰もこれを経験することはできません。

もっとも、銀河同士がぶつかっても、星と星の間はとてつもなく離れているので、星同士はほとんどぶつからないので大丈夫です。いずれにしろ、30億年後に、地球はまだありますが、人類が存在している可能性は確率的には少ないかもしれません。

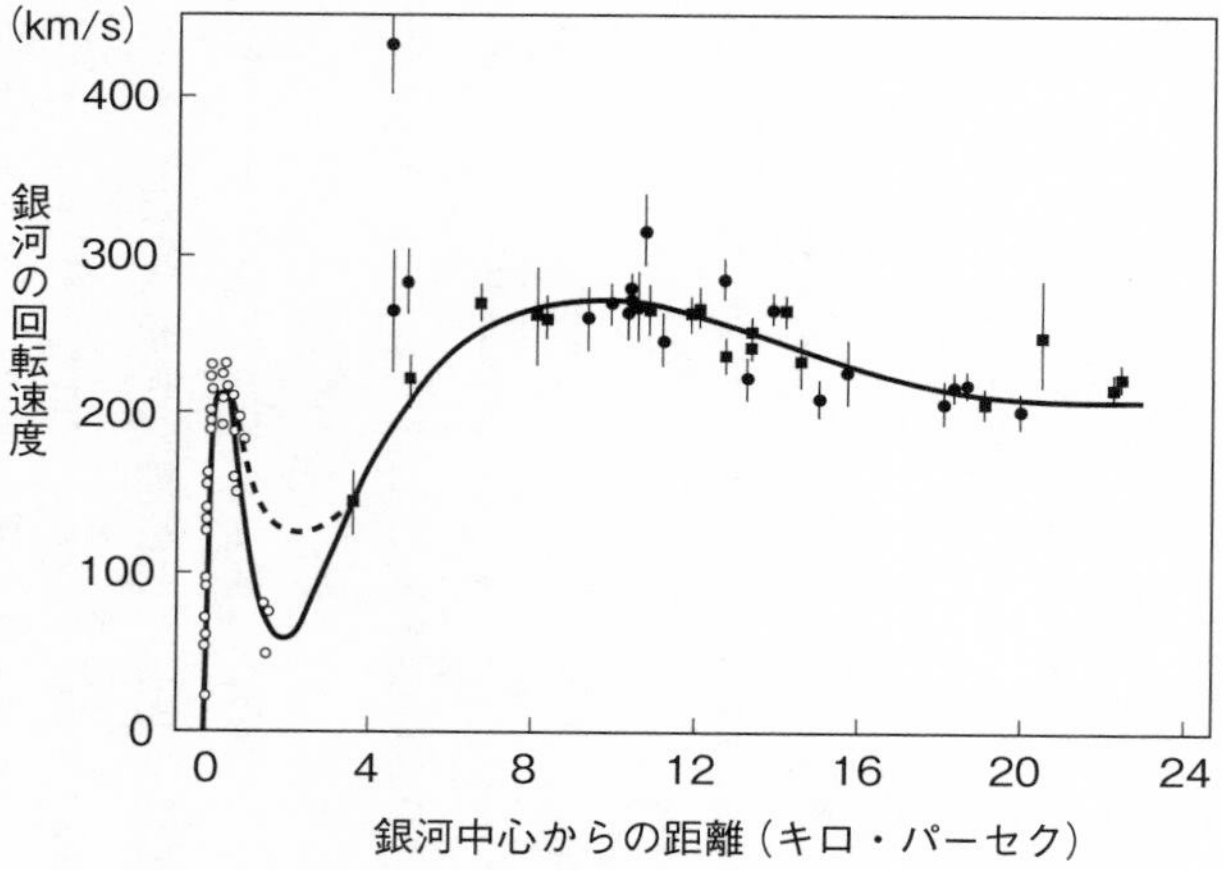

図8.1　銀河の回転速度
アンドロメダ銀河の回転速度が銀河中心から少し離れると、その先20キロ・パーセクを超えるところまで、ほぼ一定であることがわかった。1キロ・パーセクは約3300光年なので、20キロ・パーセクは銀河中心から6万6000光年の距離になる。

さて、ルービンたちは、アンドロメダの銀河中心からの距離が10光年から8万光年までの間にある67ヵ所のHⅡ領域で、H_α線の赤方偏移を測定しました。測定の精度は±10km／sです。中心核の近くは若干凸凹のある分布ですが、1万光年（約3キロ・パーセク）より外側では、回転速度としてほぼ一定の270±10km／sが得られました（図8・1）。銀河の回転速度は、星がないような銀河の縁までほぼ一定だったのです。これを銀河の回転速度の謎といいます。でも、なぜこれが謎なのでしょうか。

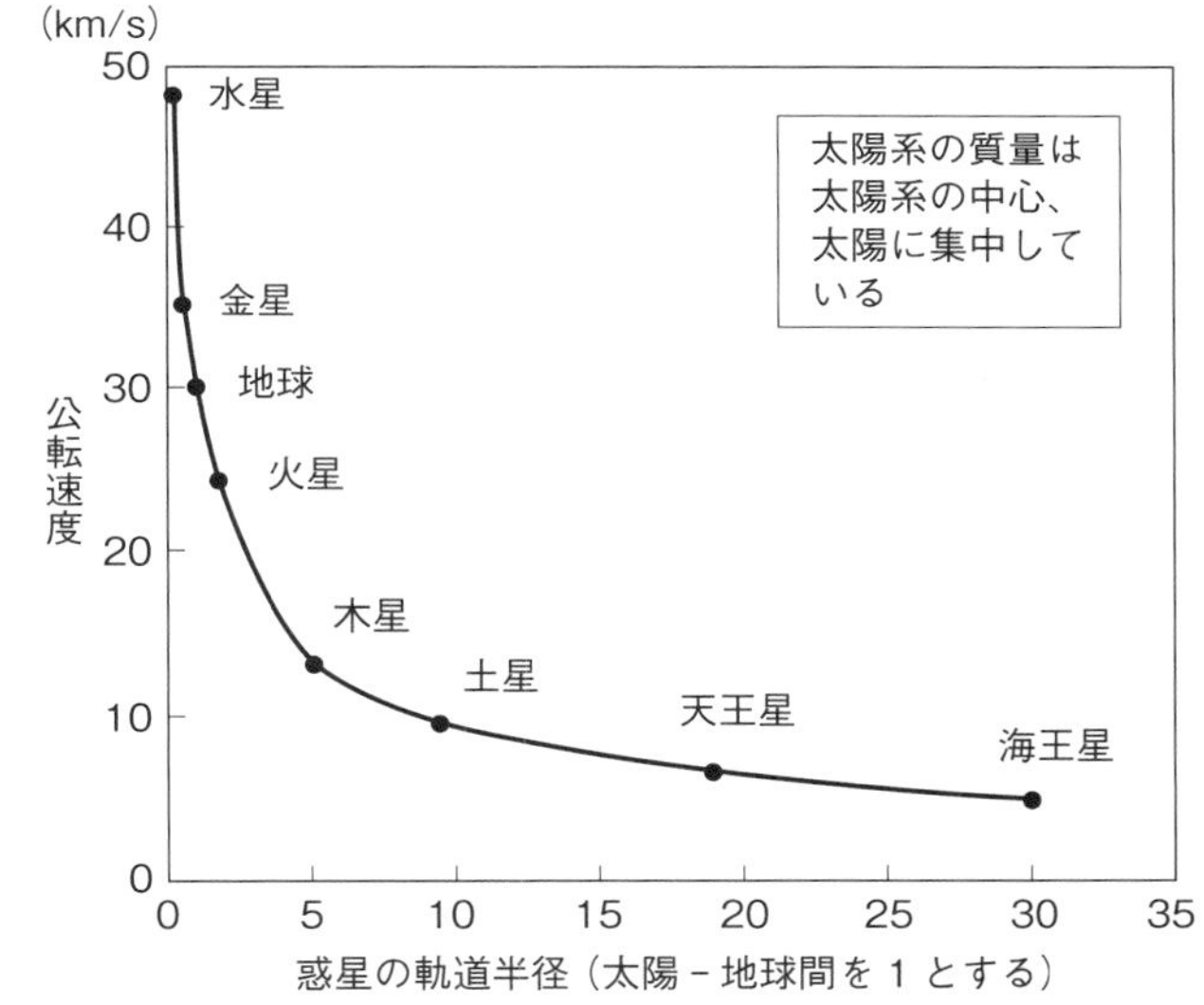

図8.2　太陽系の惑星の回転速度は、$v=\sqrt{GM/r}$ に従っており、距離の平方根分の1に比例する。距離が4倍になると、速度は1/2倍に。

―― 万有引力の法則

謎を語る前に、簡単に万有引力の法則を復習しておきます。銀河を光で見ると、質量のほとんどは銀河中心付近に存在しています。簡単化のために、よく皆さんご存知の、中心に質量が集中している例を考えます。太陽系です。

太陽系の質量はほとんどすべてが太陽にあります。太陽の質量をMとして、太陽からの距離がrのところにある惑星の質量をmとすると、太陽と惑星に働く重力は、お馴染みのニュートンの万有引力の法則により、距離の逆2乗の法則$F=GmM/r^2$となります。$G=6$・

67×10^{-11} m^3／kg／s^2は重力定数です。太陽の質量は大きいので、太陽が静止していて、惑星がその周りを回っているとして扱えます。

惑星の公転速度を v とすると、遠心力 $F = mv^2/r$ と万有引力がつりあっているので、$GmM/r^2 = mv^2/r$ となります。このつりあいから、回転速度が求まり、$v = \sqrt{GM/r}$ となります。速度は、太陽の質量と惑星までの距離だけで決まります。その速度は $1/\sqrt{r}$ で遅くなります。

遠くの惑星ほど、太陽からの引力が弱くなるのでゆっくり公転します。太陽系の惑星の軌道半径と公転速度は、まさにこの関係で決まっています（図8・2）。

●謎の解明からわかったダークマターの存在

銀河の光り輝く物質は、ほとんどが銀河中心部分にあります。したがって、太陽系の例で見たように、中心から距離が r 離れた場所での回転速度は、$v = \sqrt{GM/r}$ となるはずです。ところが、観測によると、速度 v は、中心から少し離れると一定になり、銀河の端までその速度はほぼ一定です。速度は、距離の平方根分の1に従って遅くなるはずなのに、遅くなりません。これで、速度が一定であることが、どうして謎であるのかがわかったと思います。

これは、どのように考えればよいのでしょうか。光っている物質から予想される回転速度に比

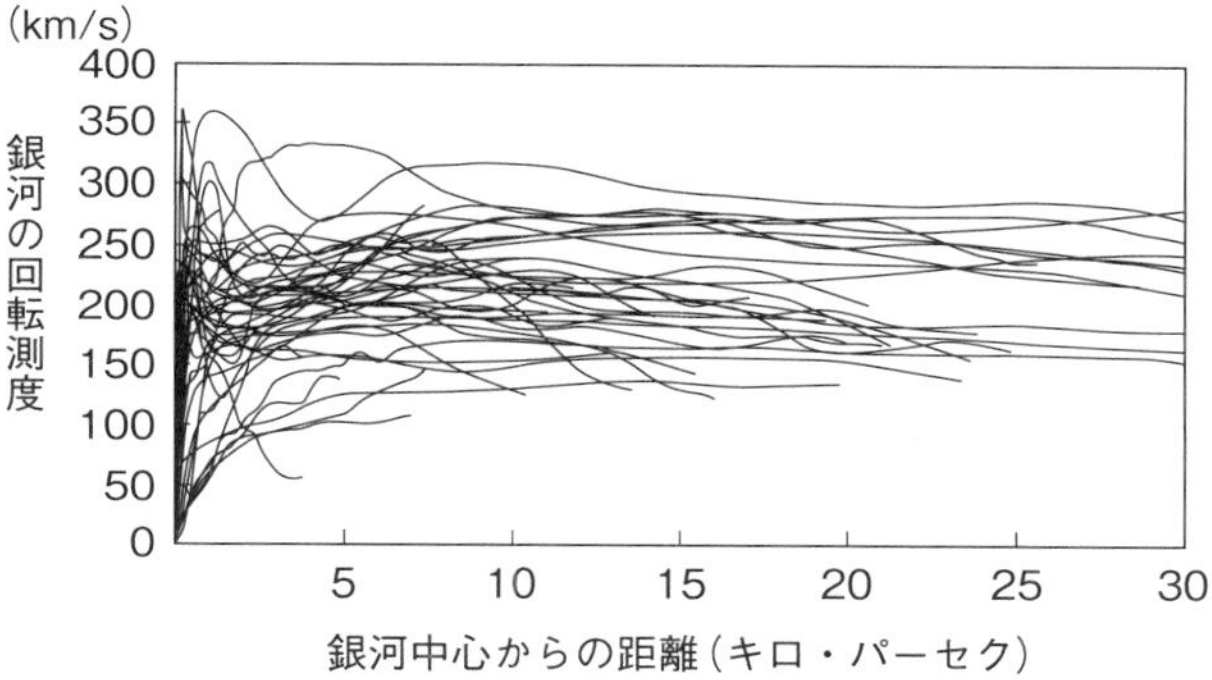

図8.3　多くの銀河の回転速度
バラツキはあるが、多くの場合、一定の回転速度を持つという描像は正しい。

べて速度が速いので、光っている物質の他に、もっと質量が必要になります。速度が一定になるためには、$\dfrac{M(r)}{r}$が一定、したがって、外側にゆけばゆくほど、質量が増える必要があります。これまでMと書いていたのを$M(r)$としましたが、$M(r)$は、軌道半径rより内側のすべての質量のことです。ところが、実際はrを増やしても星（光で見える物質）の数は増えるわけではないので、質量の増加を担う、見えない物質（ダークマター）が必要になります。

――かの銀河、我が銀河

アンドロメダ銀河以外の銀河では、回転速度はどうなのでしょうか。同じように、一定速度になるのでしょうか。これは、ルービンたちの測定以後、多くの銀河に対して観測がなされています。

たとえば、図８・３に、その結果を示します。多くの銀河で、回転速度が一定であることが見てとれます。また、我が銀河系の回転速度も測られていて、約２４０km／ｓとされています。

銀河の質量を求めよう

さて、これまで見てきたことを使うと、回転速度から銀河の質量（正確には、軌道半径内の全質量）を、簡単に求めることができます。その前に練習問題として、太陽の質量を知らないという前提で、地球の公転速度から太陽の質量を求めてみましょう。

これまでの説明から、公転半径内の物質の質量は、

$$M_{\odot} = rv^2/G$$ ［（公転半径）×（公転速度）の２乗／（重力定数）］

となります。地球の公転半径を覚えておく必要はありません。前にも述べましたが、中学校で習ったように、太陽から地球までは光で約８分です。実際は８分19秒ですので約５００秒です。太陽から地球までの距離が公転半径ですから、その距離はおよそ

500［s］× 3 × 10^8［m/s］（光速）= 1.5 × 10^{11}［m］（1億5000万km）

になります。公転軌道は、実際は真円ではなく楕円なのですが、数％の違いは無視しておきま

す。

公転速度も簡単に、半径から円周（2πr）を求めて、それを1年の秒数で割れば求まります。

$$(2\times3.14\times1.5\times10^{8})\,[\mathrm{km}]/(60\times60\times24\times365)\,[\mathrm{s}]=30\mathrm{km}/\mathrm{s}$$

となります。これで、公転半径が1・5×10^{11}m、公転速度が30km／sとわかりました。この地球の公転速度、30km／sは覚えておいてください。後で、季節変動の検出によりダークマターの証拠を得る時に使う数字です。

さて、もとに戻り、重力定数G＝6・67×10^{-11}（m^3／kg／s^2）を用いて、

太陽質量＝（公転半径）×（公転速度）の2乗／(重力定数)

$$=(1.5\times10^{11}\,[\mathrm{m}])\times(30\times10^{3}\,[\mathrm{m/s}])^{2}/(6.67\times10^{-11}\,[\mathrm{m^3/kg/s^2}])=2\times10^{30}\,[\mathrm{kg}]$$

と求められました。「太陽から地球まで光で8分間」と重力定数とを知っておけばできます。

さて、銀河の質量も全く同じように求めることができます。ただし、この方法で求める銀河の質量［(回転半径)×(回転速度)の2乗／(重力定数)］は、回転半径より内側に分布するすべての物質、すなわち、光で見える物質とダークマターの両方をあわせた総物質量に対応している

ことになります。

我が太陽系は、我々の銀河を約２４０㎞／ｓで進んでいます。これが回転速度です。銀河中心から太陽系までの距離は、およそ2万６０００光年＝２・６×10^{20}ｍです。これから直ちに太陽系の回転軌道より内側の総物質量が、

$$2.6 \times 10^{20}\,[\mathrm{m}] \times (2.4 \times 10^{5}\,[\mathrm{m/s}])^{2} / 6.67 \times 10^{-11}\,[\mathrm{m^{3}/kg\,/s^{2}}] = 2.2 \times 10^{41}\,[\mathrm{kg}]$$

と求められます。太陽質量の10^{11}倍（１０００億倍）になります。

この１０００億倍はどのように考えたらよいでしょうか。回転速度の違いは8倍ですので、質量には2乗（64倍）で効きますが、それはたかだか１００倍の効果しかありません。残りの10億倍の効果は、太陽までの距離が8光分《こうふん》、銀河中心までの距離が2万６０００光年という距離のスケールの違いがすべてを説明するのです。

太陽系の大きさに比べて、銀河がどれだけ大きなものか、質量の計算からも感じることができたのではないでしょうか。そして、大きなサイズの入れ物の中で、ものを引きつけるためには、強い力が必要なのです。

第9章　ダークマターの存在証拠があらゆるところに出てきた

9・1　見えないダークマターを重力レンズで見る

見えない物質が宇宙に大量に存在する証拠はもっとたくさんあります。あまりしつこくならない程度に話を進めましょう。皆さんは重力レンズという言葉を聞いたことがあると思います。重力レンズってどういうものか、なぜダークマターの話に重力レンズが出てくるのかというのは、話が進むにつれてわかってくると思いますが、今ではダークマターの話と重力レンズは切っても切れない関係になっています。詳しい話をする前に、重力レンズの発見に至るまでの背景をお話ししましょう。

9・1・1　光を曲げる重力

一般相対性理論では、重力の源である物質・エネルギーの分布が空間の幾何学（歪み）を決めます。すなわち重力場を空間の歪みとして扱います。星や銀河などが集まってできる「強い」重力場は、空間の「大きな」歪みとして表されます。光は歪んだ空間を「まっすぐ」進もうとする

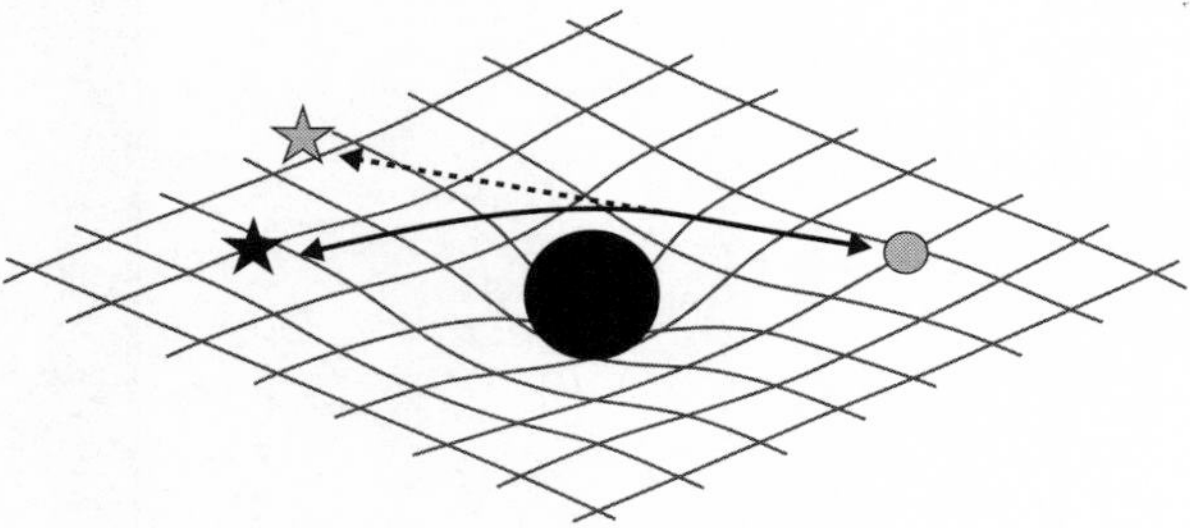

図9.1　「直進」する光の通る道筋

ので、観測者から見ると、光が曲げられているように見えます。図9・1に、質量の重い天体によるその周りの空間の歪みと、その時の光の通り道のイメージを示します。質量のない光でも、その曲がった通り道を通らなくてはなりません。質量を持たない光が重力で曲がるなんておかしいと思うかもしれませんが、一般相対性理論では等価原理と重力場の幾何学的解釈から素直に理解できることになります。

等価原理は、重力質量（重力）と慣性質量（加速度運動による慣性力（見かけの力））は等しいということですが、これは、ガリレオの時代からわかっていたことです。アインシュタインは、これを原理として、一般相対性理論を組み立てました。第1章の宇宙ステーションの議論を思い出してください。初速度がどうあれ、宇宙ステーションの中は自由落下と考えられます。自由落下は加速度運動ですから、この加速度運動すなわち慣性質量によって、重力（重力質量）を消すことができたことになります。したがって、重力が働く静止系と重力を打ち消すような加速度運動をしている座標系は区別ができなくなります。

加速度によって重力を消した系では、特殊相対性理論が成り立つ慣性系となります。もっとも、重力は大局的には一様でないので、ごく小さい範囲でしかこの議論は成り立ちません。したがって、この重力を消した系のことを、局所慣性系といいます。局所慣性系では、特殊相対性理論が成り立ちます。さて、加速度運動をしている座標系では光は曲がります。したがって、重力によって、光が曲がるということが言えるのです。

このように説明すると、光が重力場で曲がるのは、一般相対性理論の特権であると思いがちですが、等価原理を認めれば、ニュートン力学でも光は曲がってもよいのでしょう。しかし、表立って等価原理を言わなくても、少し見方を変えると、ニュートン力学でも、重力場で光が曲がることが導けてしまいます。厳密に言えば微妙な問題を含むのですが、これについては後でお話しします。

●ニュートン力学でも光が曲がる？

1665年に万有引力を考え、1687年に『プリンキピア』を出版したニュートン自身は、光の粒子説を唱えており、光は直進するものと考えていたとされています。しかし、1704年に出版されたニュートンの著書『Opticks』(『光学』)に面白い記述があります。この部分をもって、ニュートンも光が重力で曲がると思っていたのでは、と言う人もいます。

『光学』は、第Ⅰ編から第Ⅲ編までありますが、第Ⅲ編は、回折現象に関して述べた編です。その最後に、「Queries」というセクションがあります。質問集あるいは疑問集とでも訳しましょうか。読者に対して質問形式で、いろいろな問いが書かれています。

その最初の「質問1」に、〝物質は、遠く離れた光に作用し、光線を曲げないのか、この物質の影響は(他の条件が同じなら)近くではより強くならないのか〟(鈴木訳)、とあります。このQueriesの直前の段落で、ニュートンは「光が『物質を通過』する時に曲がる(これは屈折のことを言っている)のに対して、さらに考察を進めると、いくつかの疑問が出てきた。それらの疑問の解決は将来の人たちに委ねる」としています。この前文を受けて「質問1」から始まり、様々な疑問が提起されています。したがって、先程の文章での「曲がり」は、一見重力による光の曲がりとも思えますが、やはり、この章で扱っている回折による光の回り込みのことであり、重力などの相互作用による曲がりではないようにも読めます。

粒子説を唱えるニュートンにとって、光の回折を説明するのは厄介なことだったようです。したがって、ニュートン自身が、重力で光が曲がると考えていたかどうかはわかりませんが、明確に書かれているところはないように思えます。３００年以上前のお話です。

ニュートンの重力理論でも光が曲がるのではないかと人々が言い始め、いくつかの考察や計算がなされたのは、ニュートンの死後50年以上経ってのことです。時の進み方が今より10倍ほど遅い感じがしますね。キャベンディッシュ（Henry Cavendish）［１７８３年］、ラプラス（Pierre-Simon Laplace）［１７９６年］、ゾルトナー（Johann Georg von Soldner）［１８０１年］たちの仕事がよく引用されます。キャベンディッシュとゾルトナーは、太陽の横をかすめる光の曲がりを計算しました。ラプラスは、重い星からの光の脱出速度を計算して、光が飛び出すことができない天体が宇宙にあるとしました。これは、まさに、ブラックホールの最初のアイデアですね。具体的に太陽の２５０倍の大きさの星で、密度が地球程度の天体の表面から出た光は、その天体を脱出できないことを示しています。

さて、彼らはどのような推論で、光が曲がると考えたのでしょうか。ニュートンの重力は、質量を持った物質間の力として導入されています。したがって、これら先駆者たちは、光は質量を持った "material" として扱っています。第1章の議論を思い出せば、地球の周りを回る宇宙ステーションの重力による周回の条件は、質量に関係なくその速度のみで決まりました。したがって、質量を持つとして得た光のブレーキも、曲がりも、光の速度で決まっていて、実は、質量には依存しません。したがって質量を持たない光に対しても、同じ「答え」になります。しかし、

「答え」を得ることができても、これは厳密には正しい取り扱いではありません。ニュートン流の定義からは、質量を持たない光は、重力を感じないし、慣性も持つことができないのです。したがって、正しく取り扱うには、相対性理論的な考えを導入しなければならないということが、自然と理解できます。

やや論理的に無理なところもありますが、とにかく、ニュートン流力学でも、光が重力で曲がるという「答え」が出ることは確かです。答えを出すためには、光の速度がわかればよいこともわかりました。光の速度に関しては、当時、すなわち18世紀から19世紀初めにかけて、すでに位置天文学が発展しており、測定精度が格段に向上し、天体の光行差などから、光の速度が、ほぼ30万km／sということがわかっていました。

キャベンディッシュとゾルトナーは、この光速を用いて、実際に「ニュートン力学」から太陽の端っこをかすめて通る光の曲がりが、0・87秒角と求めました。これは、後の議論で出てくる一般相対性理論を使って求めた「正しい答え」のちょうど半分になります。ニュートン力学に基づいた計算では、重力場は考慮されていますが、相対論的効果（時間の遅れ）を考慮できていない結果、正解の半分だったということになります。

しかし、驚くべきことに、これは一般相対性理論発表の100年以上も前のことです。若干の論理の不整合性はありますが、光の曲がりは決して一般相対性理論において初めて予言されたということではありませんでした。ただ、０・８７秒角というのは、太陽を目で見たときの直径（０・５度角）のほぼ、２０００分の１のずれであり、当時の測定精度を鑑みて、人々の関心をあまり引かなかったようです。

１９７８年にハンガリーの司祭で大学教授の科学史家、ジャキー（Stanley L. Jaki）の書いたゾルトナーの１８０１年の出版物に関する解説論文［S.L.Jaki, Foundations of Physics, Vol. 8, Nos. 11/12, 1978］に、この辺の裏話が書いてあります。興味のある方はご覧ください。

●アインシュタインの光の曲がりの予想

等価原理を説明したセクションで、思考実験により重力場による空間の歪みで、光が曲がることが理解できるということを説明しましたが、アインシュタインは、一般相対性理論の完成前の１９０７年に、実際に等価原理に基づき、重力による光の曲がりを計算しました。この時は、光が１cm進んだ時にどのくらい曲がるかという一般的な考察でしたが、４年後の１９１１年には、太陽による光の曲がりを具体的に計算しました。これは、アインシュタイン自身が、皆既日食を利用すれば、太陽の重力による光の曲がりが検証できるという考えに至ったからです。この時の、アインシュタインの計算結果は「正解の半分の値」で、０・８３秒角でした。奇しくもニュートン力学を用いた結果０・８７秒角と、ほぼ一致しています。１００年以上前にゾルトナーが同様の考察をニュートン力学に基づき計算したことには言及していません。本当に知らなかったのか、意図的に議論を避けたのかはわからないことです。

その後、1915年の一般相対性理論発表後にアインシュタインは計算をやり直し、1911年の計算の誤りを正しました。1911年の計算では、時間の遅れのみを考え、空間の曲がりの影響を考慮していなかったのです。この効果を入れると、一般相対性理論による光の曲がりの予想は1・75秒角と、これまでの2倍になりました。その大きさは、目で見た太陽の直径のおよそ1000分の1、すなわち1mで10㎛（1㎞で1㎝）の曲がりです。曲がりの予想が大きくなったことで、これが実際に測定される可能性は大きくなりました。

皆既日食の時に、何かが起こる

一般相対性理論からの予想値と、ニュートン力学からの予想値には2倍の差があります。太陽の背後にある星からの光の曲がりを観測すれば、一般相対性理論とニュートン力学のどちらの予想が正しいか、決着がつけられます。ただ、観測自体は、かなり難しいものです。まず、空に太陽のない時、すなわち夜に、目的とする星の位置を計測して、それを、太陽がそばに来たときの測定値と比較します。その位置のずれから重力による影響を考察します。ずれの大きさは、わずか1秒角程度です。太陽が輝いている時には、その背後にある星は見えないので、皆既日食の時に測ることにするのです。これにより、太陽の光の影響なく星が観測可能になり、位置の測定ができます。

１９１７年にエディントンが、光の曲がりの計測による一般相対性理論の検証の重要性を強調しています。エディントンは、１９１３年に30歳でケンブリッジ大学のプルーム天文学・実験哲学教授に就任しており、早くから一般相対性理論に注目していました。そして、グリニッジ天文台長だったダイソン（Frank Watson Dyson）が、１９１９年5月29日に起きる皆既日食が、この検証観測に適切であることを指摘しました。当時は、ちょうど第1次世界大戦終結前だったので様々な影響がありましたが、観測隊が皆既日食を観測できる2地点に派遣されました。クロンメリン（Andrew Crommelin）率いる観測隊は、ブラジルのソブラルへ、エディントン隊は西アフリカのプリンシペ島へ行くことになりました。

実は、日食観測隊は、１９１９年以前にも派遣されていて、１９１２年には、アルゼンチン隊がブラジルに遠征。しかし、天候不良のため失敗しています。この１９１２年のブラジル遠征には、エディントンも参加していました。さらに、１９１４年には、ドイツ隊がクリミア半島に行っていますが、第1次世界大戦が勃発して中止になっています。もっとも１９１５年以前は、一般相対性理論の予想値とニュートン力学による予想値がほぼ同じなので、物理的な意義に関しては、若干、状況が違っていました。

1919年の観測結果は、11月の王立天文協会会合で発表されました。ブラジルのソブラルに行ったクロンメリン隊は、太陽の背景に位置した7つの星の測定から1・98±0・16秒角のずれ、西アフリカのプリンシペ島で観測したエディントン隊は、5つの星の観測から1・61±0・40秒角のずれという結果を得ました。ニュートン力学（0・87秒角）よりも一般相対性理論（1・75秒角）が正しいという証拠とされました。ただし、確からしさ、信頼度は95％程度で、今日の標準的な要求である99％には達していません。平たく言えば、若干甘い判定であったようです。また、誤差の評価も甘いという批判があったそうです。

太陽のある昼と太陽のない夜の測定を比べなくてはならないので、温度による測定装置の伸縮、大気の屈折率の変化など、実験の系統的な誤差の評価も大変だったようです。大気の影響は、その後もどうしても小さくできない系統的誤差でした。実際、観測精度は、ずっと後に、光ではなく、大気の影響の及ばない電波による位置観測によって向上したのでした。

とはいえ、この観測により、重力による光の曲がりは一般相対性理論の予想通りであり、一般相対性理論は正しいということになりました。そして、アインシュタインが一躍世界的に有名になり、彼の名声が相対性理論とともに将来に伝わってゆくことになります。

9・1・2　重力によるレンズ効果

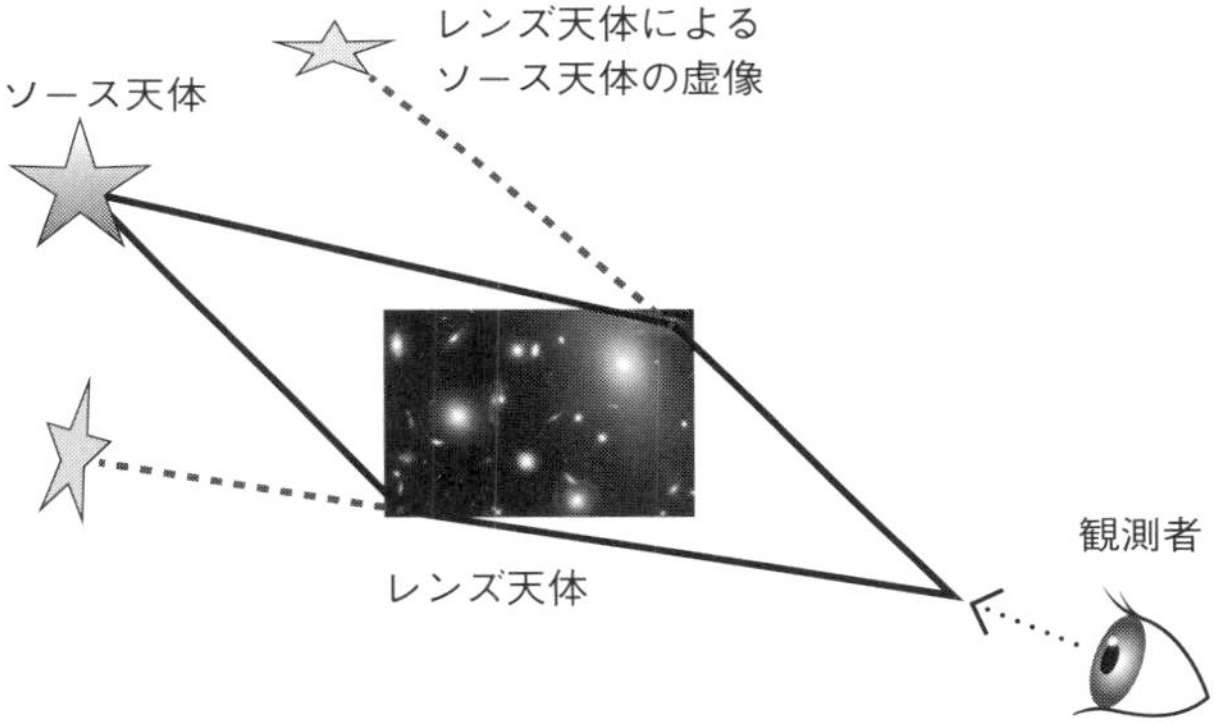

図9.2　重力レンズ
強い重力源であるレンズ天体の背後にあるソース天体からの光は曲げられ、レンズ天体の周りに、ソース天体の虚像が作られる。複数の虚像やリング状の像も得られる。

さて、この重力による光の曲がりは、宇宙で面白い現象を引き起こします。ずっとずっと遠い天体と我々の間に質量の大きなもう1つの天体があり、それらが、ほぼ一直線に並んでいるとしましょう。途中にある天体としては、初期の計算では「星」を対象と考えていたようですが、大きな質量を持つ銀河や銀河団を含めてイメージしたらよいでしょう。遠くの天体から出た光は、図9・2に示すように、途中にある銀河団などの質量の大きな天体の近くを通過する時に曲げられます。まさに、途中にある天体が、光を曲げるレンズの役割をします。

3者の並び方が非常によい時、すなわち、ほぼ一直線に近い時には、レンズの役割をしている銀河団の周りに、遠方の天体の像がリング様に作られます。一直線からずれていたり、レンズ天体の質量分布の非一様性によってはアーク状の像になったりなど、様々な像として見えることになります。これを強い重力レンズといいます。銀河団が光を曲げるというと、太陽での光の曲がりよりもはるかに大きく曲がるのではないかと思うかもしれません、しかし、銀河団までの距離もはるかに遠くなるので、どのくらいの効果があるのかきっちりした計算をする必要があります。それは、この本の範囲を超えていますので、ここでは簡単な説明をします。

非常に大雑把に言って、曲がる角度は$\sqrt{(\text{レンズ天体の質量})/(\text{天体までの距離})}$に比例します。質量が重くそして距離が近ければ、角度は大きくなります。ここで、$10^{15}M_{\odot}$の巨大銀河団が1Gpc（ギガ・パーセク）の距離にあると、曲がる角度として100秒角程度になります。Gpc程度の距離にある銀河などは、距離は同じとして、質量だけスケールすると、たとえば$10^{11}M_{\odot}$（1000億個の太陽質量）の銀河に対しては、約1秒角となります。

後述する「マッチョ探し」で、我が銀河内の1太陽質量程度の天体が引き起こす偏角は、平均の距離を太陽－銀河中心間の距離にとると、1ミリ秒程度と小さくなります。太陽質量より小さい天体は、もっと角度が小さくなります。これは、銀河の重力レンズとは違う、マイクロレンズ効果という違った効果を引き出します。

アインシュタインとマンドル氏

重力レンズの最初の論文として、1936年に『Science』誌に掲載されたアインシュタインの論文がよく挙げられます。タイトルは「重力場中の光の変位による、星のレンズ様振る舞い」となっていますが、冒頭に通常の論文にはないような面白いことが書いてあります。論文の最初4行を私が訳してみると、「かなり前に、マンドル（Rudi W. Mandl）が私のところにやって来て、以前彼に頼まれてやっていた、ちょっとした計算結果を出版するように催促された。この論文は彼の希望に沿ったものだ」となります。「マンドル、誰？」ということで、少し調べてみると以下のようなことがわかりました。

マンドルは、チェコのアマチュア科学者で、いろいろなアイデアを専門家たちと議論するという経験を持っていたようです。アインシュタインを訪問する前に、ワシントンにある全米科学アカデミー（NAS：National Academy of Science）のサイエンス・サービスの部門を訪れています。そこは、科学の一般への普及を進めている部門でした。今で言う広報部門のようなものです。彼は、皆既日食を利用した光線の曲がりの観測結果からヒントを得た、「重力レンズ」の話をしました。NASの担当者は、専門家と話すようにと、プリンストンのアインシュタインを紹介して、もし専門家の意見が肯定的なら次に何ができるか考えるとして、プリンストンまでの旅費をくれたそうです。なんだか、おおらかな時代のような感じもしますね。しかし、これは、第2次世界大戦の3年前のことです。

4月17日にマンドルはプリンストンを訪問しました。アインシュタインは、マンドルに対して、私もすでにそういうことは考えて、計算もしているなどと言ったという形跡はありません。ふんふんと聞きながら、サイエンスの議論をして計算を請け負ったようです。アインシュタインはなんと穏やかかな、寛容な人だと思ってしまいますが、実は出版後、雑誌『Science』の編集長カッテル（James Cattel）に宛てた手紙で「マンドル氏からの強い要望で仕上げた小さな論文に対するご支援ありがとう。ほとんど価値のない論文ですが、あのかわいそうな人（poor guy）をハッピーにしました」と書いています［参考文献：レン（Renn）たちの論文］。アインシュタインの性格の一面がよく出ているのでしょうか。

●アインシュタインの関心

アインシュタイン自身は、1912年と1936年に2度、この重力レンズの問題を扱っています。1912年はアインシュタインが太陽での光の曲がりを計算した翌年であり、このレンズの計算は自然な流れによるものです。ところが、アインシュタイン自身はレンズ源として星を想定していたので、重力の効果は小さく、また、一直線に並ぶ確率も少ないので観測できない予測であると思い、彼自身、重力レンズへの関心はあまりなかったようです。1912年の一連の計算は出版されず、ノートが残されているだけです。1936年の結果は、12年のノートの内容とほぼ同じ結果ですが、12年の計算を参考にしたかどうかはわかりません。36年の出版がマンドルに押されて始まったものであることは確かのようです。

ここでまた人間的な話が出てきます。実は、１９３６年のアインシュタインの論文には、それ以前の人たちの成果は一切引用されていません。アインシュタインの36年の論文出版までの間に重力レンズに関して、１９２０年にエディントンが、重力レンズによって多重像ができるという議論、また、１９２４年には、チュボルソン（Orest Chwolson）が、二重像ができることとアインシュタイン・リングのことを議論しています。アインシュタインはこの２人の成果を引用しなかったわけですが、実は、このチュボルソンの論文の同じページに、というかすぐ次に、アインシュタインの別件の論文が掲載されています。

自分の論文の直前の論文に気がつかなかったのか、12年も前のことなので、忘れてしまっているのか、それとも自分がすでにやっているので引用しなかったのか、それとも重力レンズが見つからないと思っていたので、そんなに価値のある論文とは思っていなかったからなのかはわかりません。

ただ、このチュボルソンのアインシュタイン・リングの結果は、アインシュタインの１９３６年の論文以前の成果ということで、アインシュタイン・リングと呼ぶのではなく、チュボルソン・リングと呼ぶべきだとした人もいます。しかし、出版はされなかったけれども、１９１２年のアインシュタインのノートにもすでにリングの計算があるということで、変える必要はないと言う人もいます。まだ、はっきりとした決着を見てはいません。やれやれ、これは100年続いている先陣争いですね。

再びツビッキーの予想

実際、当初の重力レンズの計算は、「星」を対象とした効果として考えられていました。星で光が曲げられる角度は、ミリ秒角程度で非常に小さく、また星が一直線に並ぶ確率もとても小さいため、考案者自身たちも実際には見つからないだろうと思っていました。アインシュタインも自身の論文で、実際には無理だと記していることは、前に言った通りです。

ところが、そのような議論のすぐ後、質量の小さな星ではなく、全質量が星の質量の1兆倍以上もあり、しかも広がりを持った銀河や銀河団なら、重力レンズを観測できるのではないかと言った人がいます。銀河の速度分布から銀河団に目に見えない質量、ダークマターがあるのではないかと、先駆的に言ったツビッキーその人です。アインシュタインの論文発表の翌年です。

またまた余談を書きたくなる小話があります。このツビッキーの論文に再び、あの人が登場しているのです。マンドル氏です。論文の頭書にツビッキーは、ロシア生まれのアメリカの発明家で、TV技術の先駆者といわれているツヴォルキン（Vladimir Koz'mich Zworykin）から、重力レンズのアイデアを聞き、考えを進めたとしています。ただ、そのツヴォルキンは、重力レンズのアイデアをマンドル氏から聞いて、ツビッキーに話したとしています。マンドル氏って一体何者なのでしょうね。

さて、ツビッキーは、自身で重力レンズの効果を計算し、以下の結論を得ています。①銀河による重力レンズなら、観測できるチャンスは、星よりもずっと大きくなる。光の曲がりは、大きければ、0・5分角程度にもなる。②また、銀河には広がりがあるので、遠くからでも分析可能である。

ツビッキーのこの論文の通常の紹介では、銀河や銀河団の重力レンズは観測可能であると言ったということだけで終わるのですが、実は、論文を読み進めると、ツビッキーは、重力レンズの観測から得られることとして、①一般相対性理論のテスト、②通常では見えない遠方銀河探し、そして、③銀河団の質量問題の決着、をあげています。3番目は、自身がこの論文の4年前に出した、かみのけ座銀河団の質量測定によりわかってきた、ダークマターの存在に関することです。この重力レンズの測定は、銀河質量の直接観測であり、銀河団の質量問題、ダークマターの問題解決に資するであろうとしています。自身の見つけた問題と、この重力レンズの問題の、役割をきっちり認識しているところが面白いのではないでしょうか。

おとめ座銀河団から援護射撃

ここで少し脇道のコメントです。1933年にツビッキーが最初にダークマターの可能性をかみのけ座銀河団の観測で指摘し、その後の1937年に、重力レンズの測定で銀河団のダークマターの問題に決着がつくのではと言ったわけですが、その1年前に、似たようなことがおとめ座銀河団に関しても主張されていました。

おとめ座銀河団に属する数多くの銀河のうちの32個の視線速度をウィルソン山天文台のスミス（Sinclair Smith）が観測し、銀河団の明るさから推測される質量に起因する銀河のスピードよりもはるかに速く個々の銀河が動いていることを発見しているのです。スミスは、ここから、莫大な銀河間物質が銀河団にあるのではないかと推測していますが、これはまさに、ツビッキーの説明できない物質の主張を支持するものです。ツビッキーの重力レンズに関する論文の前年に出版されていますので、彼の重力レンズの役割の主張に影響を与えているかもしれません。

その後、この「失われた質量の謎」（missing mass problem）は、長く未解決のまま、人々の記憶の片隅に生き続けてゆくことになります。

重力レンズの発見

さて、20世紀の初頭から、計算ではいろいろと議論をされている重力レンズですが、実はその発見までは、１９３６年のアインシュタインの論文から数えても、40年以上かかっています。１９７９年3月の『Nature』誌に、最初の重力レンズの候補が報告されています。アリゾナのキットピーク国立天文台で、おおぐま座の方向87億光年先に、６秒角という異常に接近した２つの隣接するクェーサー（Quasar：Quasi-Stellar-Object）が発見されました。クェーサーは、遠方にある極めて明るい天体で、実は、活動的な銀河の中心核であるとされています。遠方で明るいため、恒星のように見えたので、準恒星状天体（クェーサー）と呼ばれています。

発見された２つの隣接クェーサーは、ＱＳＯ　０９５７+５６１ＡおよびＢと呼ばれています。それらは17等級の明るさで、２つのクェーサーの赤方偏移とスペクトルは驚くほどよく似たものでした。スペクトルは言ってみれば指紋と同じで、２つ同じものはない、と考えてよいでしょう。明るさの変化など変動現象に対する時間差は、ＡがいつもＢよりも４１７±３日早く起こっています。これは、レンズによる光の経路に距離の差があることによります。そして、スペクトルに見える微妙な違いは、光の経路の違いにより、光の吸収に若干の差があることによります。これらの事実から、この２つのクェーサーは、同じクェーサーの重力レンズによる２つのイメージであるとされ、これが、世界最初の重力レンズの証拠となりました。レンズ銀河も37億光年先にあるものと同定されています。

9・1・3　ダークマターと重力レンズ

この重力レンズが、ツビッキーの予想した通り、ダークマターの存在証明に、そして宇宙におけるダークマターの分布の測定に、大いに役に立っています。レンズ天体が後方の背景天体の二重や多重の像を作るレンズ効果には、レンズ天体のすべての質量が関係しています。ダークマターを含んだ全質量が光を曲げる効果を及ぼすので、観測された重力レンズを詳しく解析すると、レンズ天体の中に隠れたダークマターを探し出すことができるのです。

●銀河団GC 0024+1654のダークマター

重力レンズによるダークマター探索の例をGC 0024+1654という銀河団を実例として、もう少し詳しく見てみましょう。レンズ天体であるこの銀河団は、うお座の方向にあり、赤方偏移の観測から、地球から約50億光年離れた距離にあることがわかりました。同様にして、重力レンズで歪められた背景銀河は、ほぼその2倍の距離にあることもわかります。HST（ハッブル宇宙望遠鏡）で観測された図9・3の写真を見ると、レンズ天体の周りに8つのアーク状に引き伸ばされた多重像があります。引き伸ばされて変形しているので、周りと違うことがわかると思います。多重像がきれいに見えていることにより、比較すべき像がいくつもあるので、制約が多くあることになり、よりよく「答え」が決まっていくことになります。どのようにして、ダ

図9.3　銀河団GC 0024+1654で見つかった重力レンズ。周りに引き伸ばされたようなものが見える（わかりにくいかもしれないが、8つ見えている）。これらが、重力レンズによる遠方の銀河の像。

ークマターの量を見積もったのか、彼らの論文から少し紐解いてみます。

彼らはどのくらいダークマターがあるかということを、あらゆる可能性を組み合わせて、計算機でシミュレーションをし、最もよく観測データと合うものを答えとしました。背景の源銀河とレンズ銀河団に対して、光源分布や質量分布など、多くのパラメーターを導入して、ベストなパラメーターを求めるという、気の遠くなるような作業をするのです。

まず源となる背景銀河を58個のディスクの集まりとして、発する光の強度、ディスクの半径、ディスクの $x-y$ の位置の4つをパラメーターとします。パラメーターごとに光線を追跡して、レンズ銀河団の重力による曲がりを考慮して、観測とモデル計算との合い方を見ます。この時、レンズ銀河団に対応する位置に、レンズ効果を起こす銀河団に属する「銀河」「ダークマター」「銀河間ガス」に対応して、いくつかの〝質量塊〟を分配します。それらが、実際のレンズ銀河団の質量分布を模するものになります。銀河団に含まれる118の銀河に対しては、それぞれ1～2個の質量塊を割り当てます。そして、25の自由に質量を決められる質量塊で、銀河以外のレンズ銀河団の質量を表します。これらは、ダークマターと銀河間ガスに対応しています。

全部で512のパラメーターの値をとっかえひっかえして、そのたびに、源銀河からの光をトレースして〝観測〟との合い方を評価するのです。延々12ヵ月にわたる計算の結果のベストな解を図9・4に示してあります。上の図は、計算機シミュレーションで得られたベストな解であり、下の図は、観測結果です。ただし、どちらの図も、銀河団の質量から「銀河からの寄与」は差し引いてダークマターと銀河間ガスのみが示されています。したがって、重力レンズの像以外の分布は、銀河団にまとわりつく、ダークマターと銀河間ガスを表します。

アーク状に見える、遠方の源銀河の8つの像は、驚くほどよく再現されています。ダークマターは、銀河団の中心に多く分布しているのではなく、10万光年程度の広がりを持った緩やかな塊

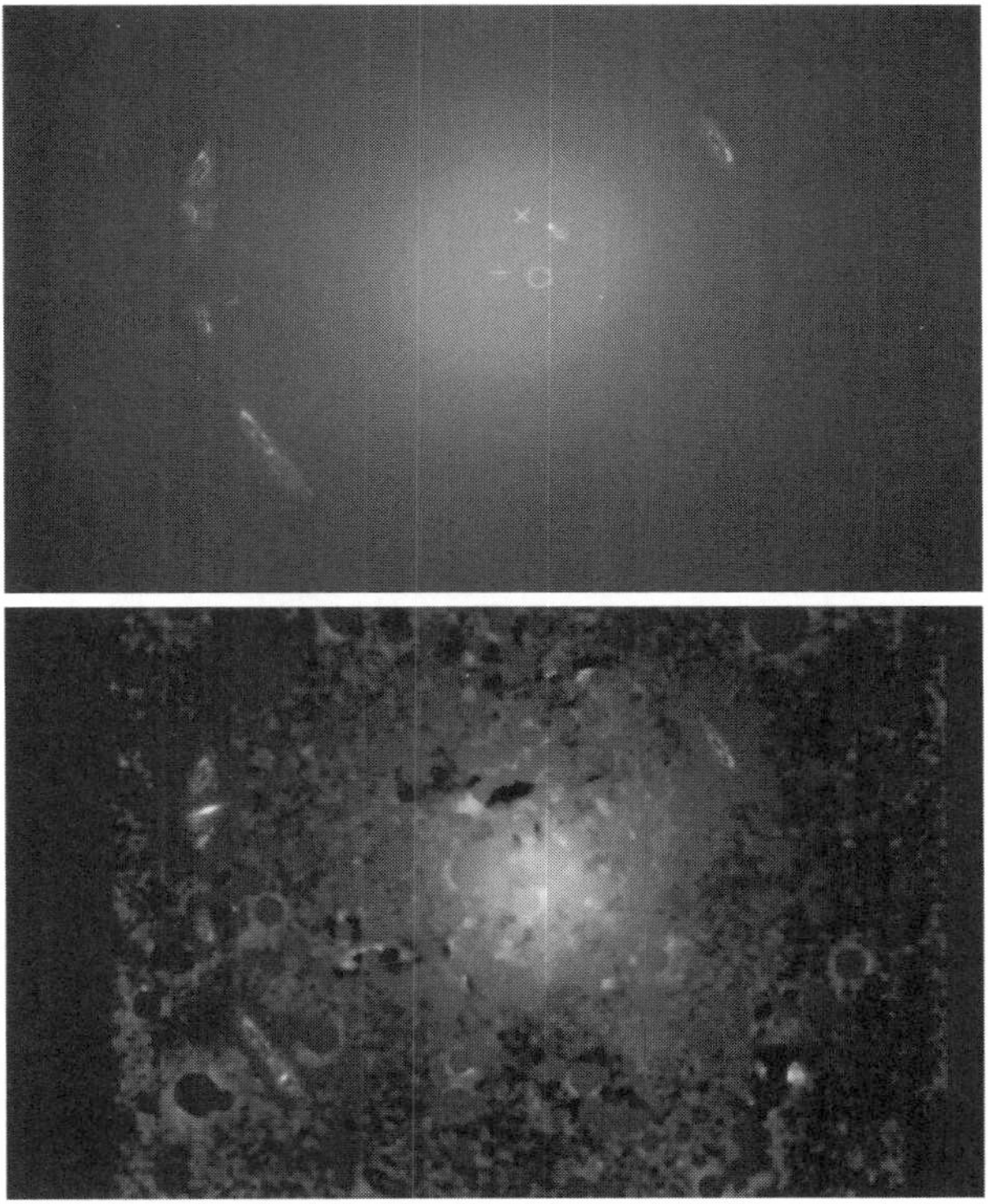

図9.4　様々なパラメーターを持つモデル計算（上図）をして、最もよく観測（下図）と合うモデルを「答え」とした。

になっています。

重力レンズで得られた質量は、銀河の光から得られた質量の10倍以上あります。ここでは、ダークマターだけでなく銀河間ガスを合わせた質量です。これらの値は、ツビッキーのかみのけ座銀河団のダークマターの測定の時と、ほぼ同じ結果になります。

9・1・4　重力レンズの種類

これまで出てきた重力レンズは強いレンズといわれているものです。実は、重力レンズには3種類あり、それぞれ強いレンズ、弱いレンズ、そして、マイクロレンズと呼ばれています。

強いレンズは、GC 0024+1654で示したように、レンズ銀河（団）の質量が大きく、背景銀河とレンズ銀河（団）と観測者がほぼ一列に並ぶ必要があるなど、観測できる条件が厳しいです。そのため、強いレンズは、なかなか観測されませんが、背景銀河の重力レンズの像として、巨大なアークが複数現れたり、リング状になったりと、その効果は強烈です。そして、レンズ天体である銀河団にまとわりついているダークマターの分布を直接得ることができます。

弱いレンズは、強いレンズに比べると、そこらじゅうにあると言ってもよいでしょう。銀河団やダークマターが多く分布している空間を、背景銀河からの光が通過したり、かすめたりすると、背景銀河の像が少し歪められます。歪みの効果には、必ずしも、レンズ天体との直線性が必要ありません。観測者に光が届くまでに、背景銀河からの光は、ダークマターの質量の影響を受けて、小さなアーク状に変形を受けたり、楕円状に引き伸ばされたりします。この現象は、広い範囲で起こっています。

1つの銀河の歪みからは、効果が弱く、質量分布を得ることは難しいのですが、これらの数多くの引き伸ばされ方を観測すると、ダークマターや銀河団の分布を得ることができます。しかし、銀河自体はもともと楕円状であり、重力レンズによるさらなる歪みは、統計的な処理をして、もともとのランダムな歪み成分を取り除いてやる必要があります。そうやって、レンズの質量分布がわかります。さらに、最近では、宇宙の大規模構造による弱いレンズ効果により、大規模構造に沿った、ダークマターの分布を得ることにも成功しています。

3番目のマイクロレンズというのは、強い重力レンズのように、背景天体とレンズ天体、そして観測者が一直線に並ぶ必要がありますが、背景天体もレンズ天体も広がりが無視できるような点と扱える場合です。たとえば、背景天体と観測者の間をレンズ天体が横切る場合、背景天体の見かけの明るさが増光します。

マイクロレンズの話は、後の「マッチョ探し」のところでするとして、次項で弱い重力レンズの例を簡単に説明しておきます。

●弱い重力レンズ

実は、ダークマターが宇宙にどのように分布しているかは、まだよくわかっていません。宇宙の広範囲にわたり、精度のよいデータが必要で、さらなる探索が続いています。最近、こうした観測の中で最も急速な発展を見せているのは、弱い重力レンズによる宇宙のダークマター分布図作りです。

この分野では、近年、日本が世界をリードし始めています。ハワイに設置されている、直径8メートルの反射鏡を持ったすばる望遠鏡には、ハイパーシュプリームカム（ＨＳＣ）と呼ばれる装置が設置されているのですが、この装置は２０１４年から稼働し始め、ここ1～2年成果を出し始めています。

ＨＳＣは、すばる望遠鏡の主焦点に設置された広視野のデジタルカメラです。８億７０００万画素もあり、ノイズを落とすためにマイナス１００度に冷却して撮影します。カメラは人の身長より長く、直径は約80㎝、重さは3トンもあります。重さが3トンもあるカメラを主焦点に取り付けるのは、並大抵ではありません。通常の望遠鏡では歪んでしまい取り付けられません。すばる望遠鏡は、建設時にこのような重量級の装置を将来取り付けることを想定していたわけではありませんが、望遠鏡の構造体が大変しっかりしたものにできていました。そのため、普通では考えられない3トンのカメラを取り付けることができたのです。

どこでどのように状況が変化するかわからないものです。このカメラは最高レベルの広視野と高い解像度を持っています。一度に広い領域の撮影が可能なので、ダークマターの分布地図作りには最適です。２０１４年から観測が始まり、精度のよいダークマターの3次元の分布が得られ始めています。

２０１８年の1月に１６０平方度の領域の観測結果を出しました。全計画の60％のデータによるものです。１６０平方度とは、仮に正方形の領域とすると、縦横にお月さまをおよそ25個ずつ並べた領域です。ＨＳＣを用いて、前項で説明した多数の遠方銀河の形状の歪みからダークマター分布を決める「弱い重力レンズ」を探索した結果、およそ２０００万個の銀河が観測されました。観測には5色フィルターを用いているので、赤方偏移から銀河までの距離がわかります。そして、銀河の歪みが、ダークマターがちょうど中間距離にある時に最大となることなどを利用して、ダークマターまでの距離を推測し、広い範囲でダークマターの３次元の分布地図を得ることができました。

９・２　修正ニュートン力学ＭＯＮＤ

銀河の回転速度の謎を、ダークマターを導入せずに、ニュートン力学を修正することで解決しようという試みがありました。最初に提案したのはミルグロム（Mordehai Milgrom）で、１９８３年のことです。銀河の回転速度の謎は、ダークマターを必要とする根拠の一つですが、それを、ニュートン力学を修正することで、ダークマターを仮定せずに解決が可能であることを示しました。回転速度が一定であることは、重力が逆2乗則（距離の2乗に反比例）に従う限り、説明することは不可能で、銀河に見えない物質、ダークマターがまとわりついているとされる一つの根拠でした。ミルグロムは、以下のようにニュートン力学を修正することで、これを回避できることを示しました。

仮定は簡単で、非常に遠方で、すなわち重力が弱くなったところでは、通常の逆2乗則ではなく、逆1乗則に従うとしたのです。このようにすると、遠方に行くと力の大きさは、2乗よりもゆっくり減少し、ニュートン力学より、より強い力を遠方で保つことができるのです。より強い力があれば、回転速度は速くなります。このようにして、ニュートン力学に従うと銀河の回転速度が遠方で減少するのを、修正ニュートン力学なら回転速度が一定になるようにできることを示しました。これをMOND（Modified Newtonian Dynamics）といいます。およそ、星と星との距離程度から遠いところで、逆1乗則に従うようにします。

このMONDは、様々なダークマターの証拠に対して、すべてを説明できるわけではありません。近年、すでに分が悪かったのですが、MONDに対する決定的な反証が、重力レンズによって得られました。また、これは見えないダークマターが存在することの、一歩進めた確実な証拠にもなっています。図9・5は、約40億光年離れたりゅうこつ座にある1E0657-56と名付けられた弾丸銀河団（Bullet Cluster）です。なぜ弾丸銀河団と呼ばれるかというと、大きな銀河団を、その10分の1程度の小さな銀河団が貫いたとされているからです。図の左側にある銀河団を、今右側にある小さな銀河団が、左から来て、右側へ貫いたのです。実際の衝突は、1億

図9.5　修正ニュートン力学がダークマターの代わりになることは、弾丸銀河団（1E0657-56）の「星」「星間ガス」「ダークマター」の観測結果により否定された。詳しくは本文を参照。

~2億年前のことで、現在、その2つの銀河団は、100万~200万光年離れています。貫いた時の相対速度は4500km／sと見積もられています。

さて、図9・5を見ていただくと、星や銀河は目で判断ができます。さらに、点線と一点鎖線に囲まれた領域を、それぞれの銀河団に対応して2ヵ所示してあります。点線で囲まれたところは、X線による測定で強く見えるところで、星間物質です。一点鎖線で囲まれたところは、弱い重力レンズによる測定で、多くの質量が集まったところです。また、ここには星が集中しているのも見て取れます。

まず、X線で強く見える星間物質は、弾丸として突き抜けた時、星や銀河の分布よりも遅れていることがわかると思います。これは、衝突の時に星同士は衝突をしないので、すり抜けてゆきますが、星間ガスは、相互作用のためスローダウンするからです。星や銀河の質量と星間ガスの質量は、1：10で、バリオンの質量は星間ガスのところに圧倒的に分布しています。

一点鎖線の部分、すなわち銀河団と星が分布している部分ですが、弱い重力レンズによる全質量は、星間ガスの7倍ありました。すなわち、重力レンズ：星：ガス＝70：1：10となります。

つまり、一点鎖線の中の「見える物質」は70分の1なので、この部分には、見えない物質「ダークマター」が存在していることになります。この銀河団は、衝突により、バリオン（ほとんどがガス）とダークマターが分離されたのです。これはもちろん、ダークマターの強い存在証拠になりましたが、MONDに対しても強い制限を与えることになりました。

MONDが正しければ、銀河団の質量はすべて、バリオン（ガス＋星）であり、重力レンズで見る質量もバリオンが集中しているところに集中する必要があります。ところが、観測によると、ガスと星に分離した時の質量は10：1で圧倒的にガスでした。したがって、重力レンズで見る質量は、ガスのところに重なって見えるはずです。しかし、実際の重力レンズの測定は、星のところに重力の中心があるような結果でした。これは、MONDでは説明ができないという強い結論になります。

9・3　ダークマターの役割が見えてきた――宇宙の大規模構造

アンドロメダ星雲までの距離が測定され、それが、我が銀河系の外にある別の銀河であると決着がついたのが、1922年のことでした。それまで星雲といわれていたものの多くが、銀河系外の銀河であることがわかったのです。銀河系外銀河までの距離の最初の系統的な測定は、1932年に行われました。1249個のそれまで知られていた明るい銀河に対して、最初の銀河地図というべきものが作られました。このような観測が劇的に変わるのは、2000年頃から写真ではなくデジタル処理が可能なCCD撮像素子がサーベイ（撮像による探査）に使われるようになったことです。これにより、大量のデータが高速に処理できるようになりました。

最初の新世代の銀河サーベイは「2dF銀河赤方偏移サーベイ」と呼ばれるものです。その後、口径2・5mの専用望遠鏡を使った、スローンデジタルスカイサーベイが主役を演じます。この計画には日本のCCDカメラが使われていました。

さて、銀河サーベイの例として、2dF銀河赤方偏移サーベイの観測結果を図9・6に示します。切り分けたピザパイのような観測領域が右手と左手にあると思ってください。観測領域の奥行きは、ピザの切り口に沿った長さですが、ほぼ20億光年になります。宇宙のまだ入り口です。しかし、すでに、15億～20億光年のあたりは、銀河の分布が一様になり始めています。我々の見

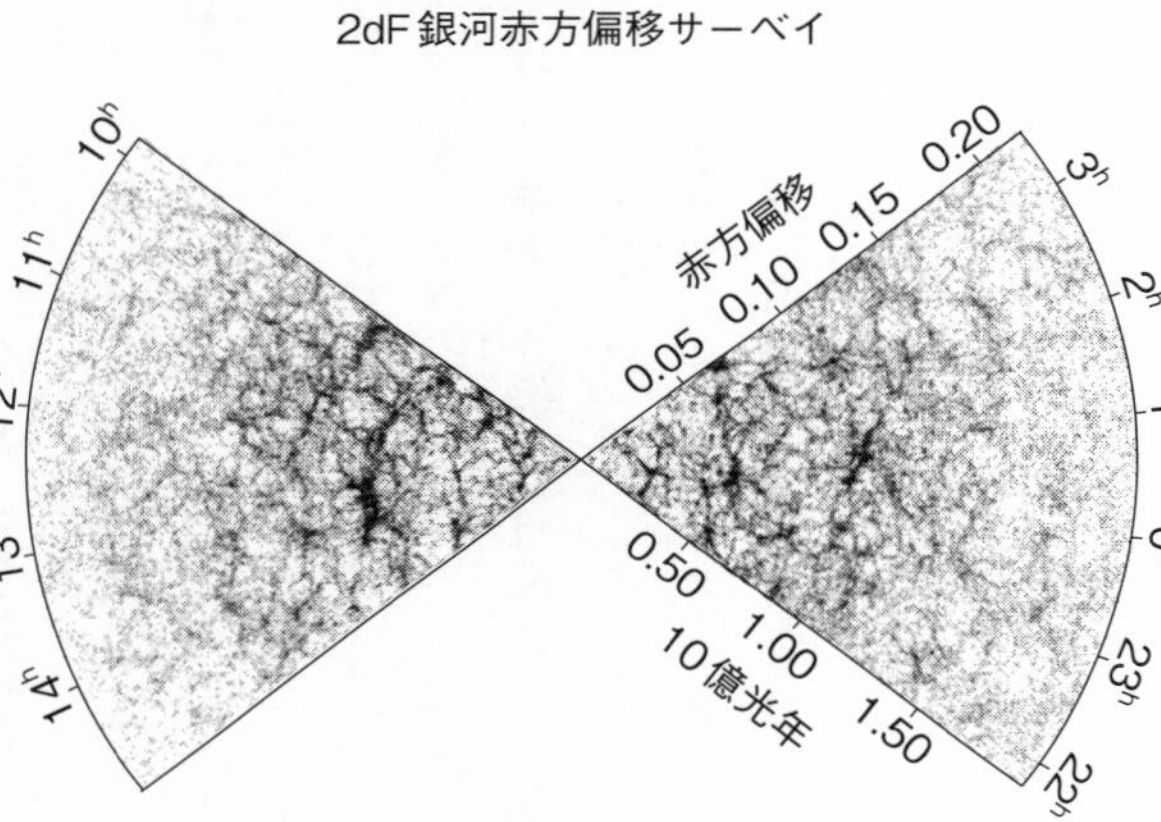

図9.6　宇宙の大規模構造。2dFグループによる観測。

る宇宙は光の速度が一定なので、遠くを見ることは過去を見ることになります。

したがって、銀河の分布は、昔は一様に近かったけれど、宇宙が発展するにつれ、徐々に構造が作られてきたと考えられます。銀河がたくさんつらなった、濃いところをフィラメント、薄いところをボイドと呼ぶこともあります。

このような大規模構造の形成には、ダークマターが主役を演じていたと考えられています。

これまで、ダークマターの存在は銀河の回転速度を説明するための余分な質量や、銀河団の失われた質量として示されていました。

しかし、実は、ダークマターには、大きな役割があったのです。宇宙の初期には、構造がなかったということは、図9・6を見れば明確です。小さな原始的な密度のゆらぎ（すなわち密度の濃いところと薄いところ）が、重力の不安定性に基づき徐々に進化、すなわちより濃淡がはっきりしていったのです。

そして、大規模構造ができあがってゆく様子、すなわち大規模構造の発展の歴史から、ダークマターに関する情報が得られます。たとえば、ダークマターが少なければ、物質はなかなか集まることができないので、大規模構造ができる時間、すなわち宇宙の進化が遅くなります。どのように今日の構造ができあがってきたのかがわかると、ダークマターを含め膨張宇宙の歴史に迫ることができるのです。

大規模構造の進化、ダークマターの分布には、ダークマターの量が重要な役割を担っています。すなわち、ダークマターが適量存在しなければ、星も、銀河も我々が今見ているようなものではなかったでしょう。そして、我々人類も誕生していなかったのではないかと思われます。

宇宙の大規模構造の生成とダークマターの役割は、計算機を使って再現することができます。最近の電子計算機のスピード、処理量の増大などの恩恵を受け、精度のよいシミュレーションがなされるようになりました。これにより、ダークマターの量も決定することができるようになりました。

9・4　ダークマターの量がわかった——宇宙背景輻射

ビッグバンモデルを決定づけた3Kの宇宙背景輻射（CMB）の話は第3章でしました。実は驚くことに、宇宙開闢後38万年後に電子－陽子の再結合により解放された3Kの光の観測で、宇宙が開いているか閉じているかの幾何学や、宇宙論パラメーター、そして、物質・エネルギーの量まで決定することができたのです。もちろん、ダークマターの量も、よい精度で決まりました。

——●温度ゆらぎとその測定

ダークマターに関する情報をもたらしてくれたのは、宇宙背景輻射のゆらぎの測定です。あらゆる方向から飛んでくる宇宙背景輻射は、精度よく観測すると、実は等方ではなく温度に10万分の1程度の「むら（ゆらぎ）」がありました。このむらを最初に観測したのは、1989年から1996年に行われたCOBE人工衛星によるものです。分解能は数度の範囲でしたが、初めて10^{-5}程度のゆらぎを観測しました。その後、いくつかの地上観測が行われ、1度のスケール近辺に強い相関があることを確立しています。

2001年には、WMAP衛星により、非等方性の精度のよい観測を1度以下まで行いました。WMAPの高精度なゆらぎの観測により、宇宙の幾何学や宇宙の物質・エネルギー量の組成

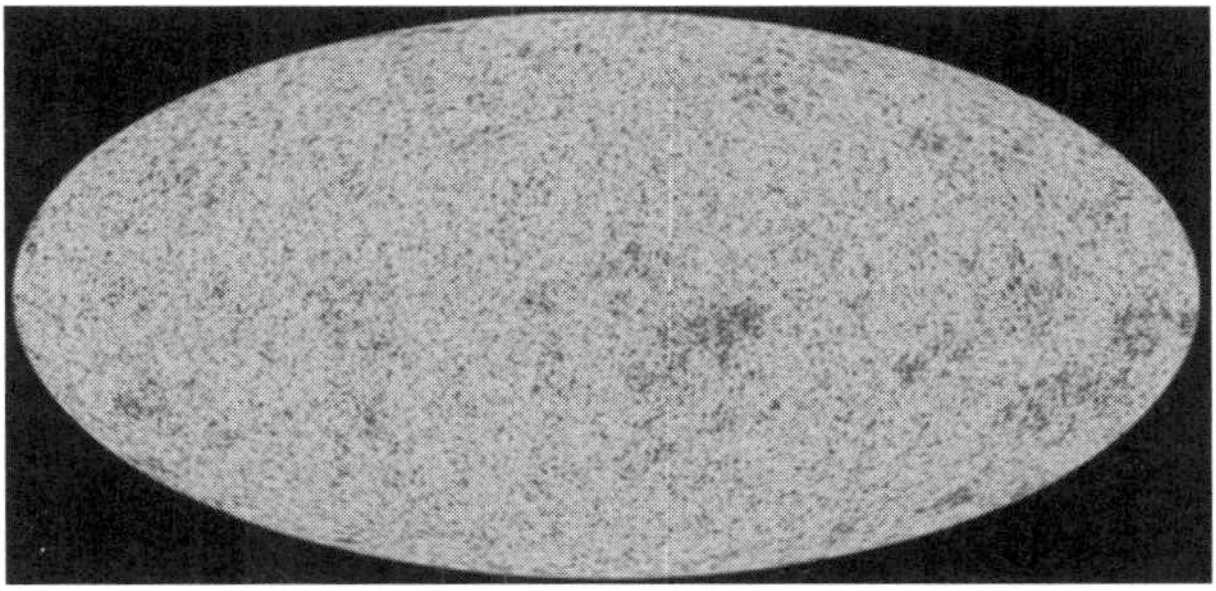

図9.7　プランク衛星による、宇宙背景輻射の温度ゆらぎの測定。

が明らかにされました。２００９年に打ち上げられたプランク衛星により、さらに精度の高い非等方性の測定がなされています（図９・７）。

宇宙背景輻射のゆらぎの観測から宇宙における物質・エネルギーなどがどうしてわかるのでしょうか。宇宙の晴れ上がり（再結合）の前では、プラズマ状態のバリオン（陽子）、電子、光子は熱平衡になっています。電子と光子、バリオンと電子は頻繁に散乱を行い、お互い強く結びついています。光子の平均自由行程は、非常に短いため、バリオンと光子は１つのガスのように振る舞います。バリオンが重力で収縮しようとすると光子の圧力が上がり反発します。反発で圧力が下がると、再び、重力で収縮しようとします。したがって、このバリオン－光子のガスは、収縮膨張を繰り返し、振動をします。ガスの密度を乱すような擾乱《じょうらん》がどこかに起きれば、疎密波（音波）として伝わってゆきます。収縮して密度が高いところの温度は熱くなり、密度が低いところは冷たくなります。密度の違いが温度の違いとして認識できるようになるのです。

地平線問題

さて、その擾乱、音波を引き起こす大元は何でしょうか。それを考える前に、少し寄り道をして、地平線問題というものを説明します。なぜ、そんな話をするのかは、後でわかります。

ビッグバン宇宙論には地平線問題というのがあります。ビッグバン宇宙論で扱う地平線には、いくつか種類があるのですが、ここでは粒子的地平線（粒子の地平線）といわれているものを考えます。粒子といっても光のことなのですが、光も粒子ですから問題はありません。

宇宙のある時間を考えます。今でもよいですし、10億年前でもよいですし、開闢後38万年後の再結合の時でもよいです。そのある時間に対して、粒子的地平線は、その時間までに、粒子（光子）が到達できた最大の距離です。つまり光が届く距離で、観測可能な宇宙の大きさです。別の言い方をすると、宇宙の中で、因果的な相互作用が可能な領域、すなわち情報交換ができた領域の最大限の距離のことです。因果的な相互作用というのは、簡単には、届いた「光」を、望遠鏡を用いて観測することなどだと考えればよいでしょう。

こうして、粒子的地平線が、宇宙開闢以来の時間に対して決まります。さて、粒子的地平線は、過去に向かうとどんどん小さくなります。逆に過去から未来へ向かって考えると、最初小さかった粒子的地平線が、時間が経つにつれ拡張され、因果関係を持たなかった空間が、見える宇宙（粒子的地平線の内側）に入ってきます。

実際に、宇宙背景輻射を発した再結合の時に、因果関係が持てた領域、すなわち粒子的地平線は、今の我々から見ると、わずか1・7度の広がりに過ぎません。したがって、1・7度を超えた場所は、再結合の時には、全く因果関係がなかったところになります。今、見える宇宙背景輻射が因果関係のある領域を超えて一様であるのは不思議ではないか、何か理由があるのではないかと考えられていました。「どうして因果関係がない領域まで一様等方であるのか」というのが、地平線問題なのです。

●インフレーション

地平線問題は、宇宙が開闢直後に指数関数的な急激な膨張、すなわちインフレーションが起こったとすれば解決します。現在、我々が見ることができる宇宙が、急激に膨張する前の宇宙のごく一部の領域で、そのサイズが因果関係を持てるサイズであると考えます。そうすれば、インフレーション前に因果関係を持っていた領域内の外側部分が、インフレーションで外にいったん押し出されますが、宇宙の膨張につれて、因果関係を持っていた領域が再び見える範囲に戻ってきたとすることができます。

これで地平線問題は解決し、宇宙が一様等方である理由がわかりました。ここでは、これ以上深入りしませんが、インフレーションは地平線問題だけでなく宇宙論の様々な問題を解決します。本題であった、最初の擾乱もインフレーションに関連付けられます。インフレーションが最初の擾乱を与えたと考えると、誘導される音波が同期していることが自然に理解されます。

音波の固有振動

バリオン－光子の振動を、たとえば楽器の音の振動とたとえるなら、「宇宙楽器」の大きさは音の地平線ということになります。音の地平線は、粒子の地平線が光の速度で決まっているように、音速で決まるものです。音速は、宇宙の圧力と密度で決まり、もちろん、光の速度よりは遅くなります。再結合の時に粒子の地平線を見込む角は1・7度ですが、その時の音の地平線は計算上0・8度になります。擾乱が音の地平線から入ってくると、地平線の大きさを基本モードとする振動を始めます。それは、再結合の時まで続きます。楽器の大きさは、宇宙膨張により大きくなっていきます。通常の音波は空間的な振動ですが、バリオン－光子の振動は、インフレーションから再結合の時までの時間的な振動です。

さて、光子とバリオンは、一体の流体として振動することはすでに説明しました。振動の振幅は一体の流体ですのでバリオンの密度と光子の密度で決まります。光子の密度は宇宙背景輻射の温度から決められます。そうすると、振幅はバリオンの密度で決まることになります。

ダークマターには、重力しか働きません。いつでも引き込むように働くので、振動の位相によって働きが逆転し、ある時は強める力となり、ある時は弱める力になります。基本モードでは、重力と音波が助け合い大きな効果になります。音波の固有振動ですから振動数が倍になる倍音の振動があります。第一倍音は、重力の効果が反対の位相になります。したがって、基本振動よりも、振幅は顕著ではなくなります。第二倍音以下もこのような考察を続けることができますが、ここでは、これ以上あまり詳しくは立ち入りません。それでも、こうした振る舞いを解析して、バリオンの量、ダークマターの量などを決めることができるというのは、おわかりいただけたのではないかと思います。宇宙背景輻射から決めた、バリオンの量約5％は、ビッグバンの元素合成の理論と一致しています。

――宇宙背景輻射の温度のパワースペクトル

さて、実際の宇宙背景輻射の解析は、パワースペクトルという量で行います。図9・8に、最近のプランク衛星の測定結果を示します。パワースペクトルというのは、2点の相関と同じです。たとえば背景輻射の場合には、基本モードの振幅は、音の地平線のところで最大ですので、相関として全天のあらゆる2点の組み合わせで、その2点の温度の積を作ってやると、音の地平

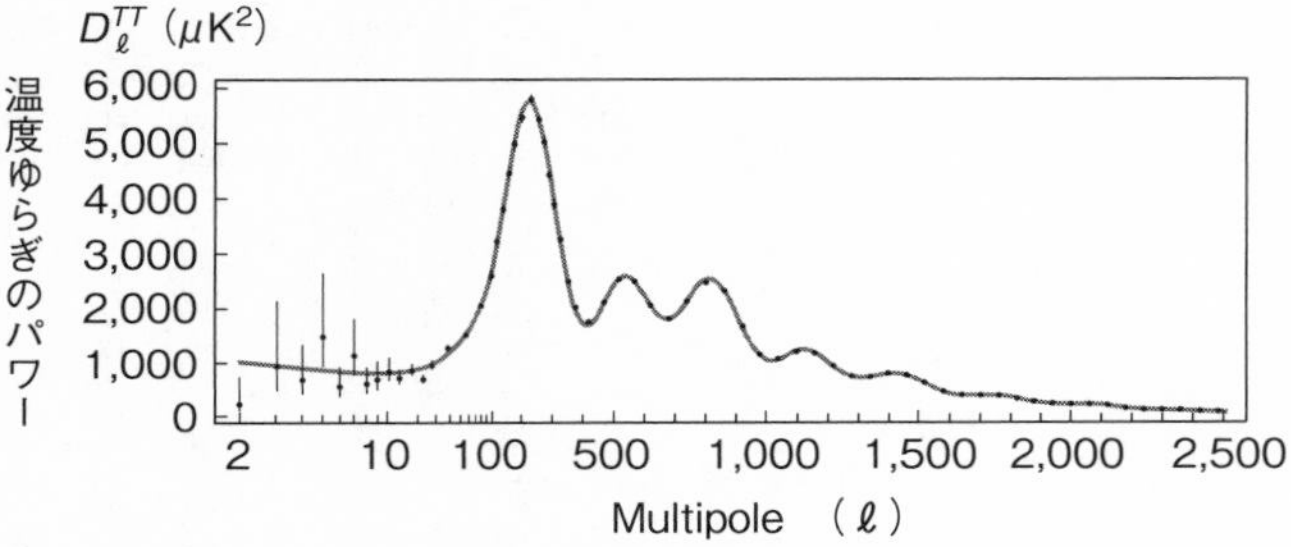

図9.8　宇宙背景輻射の温度のゆらぎ

線のスケールである0・8度のところにピークが出るはずです。

実際、図の大きなピークがこれにあたり、0・8度に出ています。横軸は、角度でなく多重極モーメント（multipole (l)）という量ですが、角度とほぼ同じ意味を持ち、（l）＝225が0・8度に対応しています。数が多くなると、小さい角度に対応します。

そして第2のピークが第一倍音で、第3のピークが第二倍音に対応しています。実際は、この図に対して、宇宙モデルとの比較を行い、質量・エネルギーを決めます。

この第1のピークの位置から実は、空間の幾何学、宇宙が閉じているか開いているか、あるいは平坦かが決まります。第1ピークは、基本振動に対応していますから、音の地平線が見込む大きさになります。したがって、空間が閉じていれば、実際よりも大きく見え、空間が開いていれば、実際よりも小さく見えます。観測結果に違いはなく、空間は平坦である、となりました。このことから、宇宙の全物質・エネルギーは、宇宙の臨界密度、1×10^{-29}g／cm³となります。ダークマターの量は、臨界量よりもかなり少ないので、正体不明のダークエネルギーの存在がここからも示されたことになります。

再結合の後

再結合の後、光は、温度ゆらぎを凍結したまま自由に宇宙空間を飛び始めます。そして、13 8億年後の我々に、その凍結したゆらぎから、様々な知識を与えてくれました。光の圧力のなくなった物質は、重力の力によって、収縮が始まり、物質密度の濃いところは、星や銀河になり、前節の大規模構造を作ってゆきます。10万分の1の温度ゆらぎとダークマターの量が、まさに我々の存在にとって適量であったことになります。

第10章　正体は何だ

これまでにダークマターが存在していると思われる証拠は、ほとんどすべてが重力の相互作用を通じて得られているものです。銀河の運動から決めた銀河団の力学的質量は、光って見える物質から推測される銀河団の質量よりはるかに多く、銀河の回転速度は目には見えない物質の存在を仮定して初めて説明がつきます。これらはすべて重力の相互作用によるものです。そして、宇宙の大規模構造はダークマターなくしては、今日のような形に創成されていませんでした。

絶対になくてはならないダークマターとは一体何なのでしょうか。我々の知っている通常の物質よりも、はるかに大量にあるのに、その正体が全く不明であるというのも奇妙な話です。ダークマターが適量存在していなかったら、宇宙は全く違った様態になっていたとも考えられます。我々人類が生まれてきたかどうかも保証はされません。

●ダークマターの性質

これまでの状況証拠から、ダークマターの占める質量は、宇宙の全物質・エネルギーの27%、すなわち、通常物質の5～6倍であることがわかっています。そして、これまでの観測・考察により、ダークマターの性質について、以下にリストアップするようなことが一般的になっています。ただし、多様なダークマターのモデルの中には、これらの性質を満たさないものも考えられています。

1、安定である。

ダークマターは宇宙初期に生成されたと考えられています。そして、大規模構造の発展など宇宙の進化に重要な役割を果たしています。したがって、ダークマターは、今日まで安定に存在してきたと思われます。もっとも、宇宙の大規模構造のこれまでの発展経過に影響を及ぼさない程度の変化（たとえば、宇宙の年齢よりも十分長い時間での崩壊）は可能ですが、通常は無視して考えてもよいでしょう。多様なモデルの中には、崩壊するダークマターもあります。

2、電荷を持たない、中性の物質である。

ダークマターが電荷を持っていれば、光子と反応をするので、通常の物質と同様に、「見えて」しまうことになります。したがって、ダークマターは中性です。

3、我々の知っている原子・分子などの通常物質ではない。

通常物質の素粒子の中で、中性のものはニュートリノです。一時期、まだ、ニュートリノの質量の情報があまり得られていなかった頃、ニュートリノがダークマターではないかと考えられました。しかし、ニュートリノの質量の情報が得られてからは、ダークマターの主成分ではないということになりました。

また、宇宙のバリオン生成の議論から、ダークマターはバリオンではない、という結果にもなります。したがって、ダークマターは、通常の物質ではありません。

4、重力相互作用をする。そして、重力以外での通常物質との相互作用は、弱いか、あるいはなくてもよい。

重力でしか見つかっていないので、実は重力以外の相互作用はわかっていません。現在知られている相互作用で、重力相互作用以外に、ダークマターが持っていると思われるのは弱い相互作用ですが、あったとしても実際の相互作用の強さはわかっていません。重力以外に相互作用をしないという考え方もあります。その場合にはダークマターを直接観測するのは不可能となってしまいます。

5、飛び交うスピードは遅い

今日の大規模構造のパターンを考えると、ダークマターの飛び回る速さに制限がつけられます。ダークマターの速さは、構造情報の伝達速度だと考えてください。速いと構造が均されてしまい、遅いと構造を保つようになります。構造形成のモデルを使うと、今日の大規模構造のパターンを再現するためには、ダークマターの速度は、光速に比べて十分に遅い必要があります（冷たいダークマターといいます）。したがって、このことからも、光速で飛んでいるニュートリノは、ダークマターのすべてにはなりえません。もっとも、ダークマターが2種類以上あって、そのうちの一つがニュートリノである可能性は排除されていません。

――•ダークマターの候補たち

さて、以上の性質を満たすダークマターとして、どのようなものが考えられるのでしょうか。

万人が第一候補と認めるのは、弱い相互作用をする重い粒子（ＷＩＭＰ：Weakly Interacting Massive Particles）です。詳しくは後述しますが、ダークマターが宇宙初期に生成された時、その生成量が今日の観測量と同じなら、ダークマターの相互作用として弱い相互作用をすることに自然に帰結します。そして、もし超対称性理論が正しければ、その中に新たに存在が予想される素粒子が、ＷＩＭＰの候補になります。すべてが「自然に」説明されるので、ＷＩＭＰは、素粒子論からも宇宙論からも支持される最有力候補なのです。

次の候補は、アクシオン（Axion）と呼ばれる素粒子です。これは、強い相互作用を含むＣＰ非保存（第12・6節参照）の相互作用を消し去るために導入されたものです。宇宙初期に作られれば、ダークマターの候補となることが示されています。アクシオンも素粒子と宇宙の問題を同時に解決するダークマター候補です。

１９７０年代から始まったダークマターの探索実験は、この２つの候補に対するものが主力でした。特に、ＷＩＭＰは検出しやすいこともあり、研究が精力的に進められました。しかし、これまで、様々な方法を使った観測や探索実験でも、万人が確実であると納得できるような信号は、未だに見つけられていません。もちろん、完全に可能性が排除されたわけではありませんが、ＷＩＭＰの可能性が徐々に少なくなってきています。

●新たな流れ

そのような流れを受け、ＷＩＭＰ以外の可能性を、多くの研究者が考え始めています。もちろん、アクシオンの探索にも一層の関心が集まっています。また、他のダークマターの候補も多く考えられ、その探索方法が提案されています。ただし、理論家の数だけダークマターがあると言われるように、多種多様のものが乱立気味です。ダークマターの正体が「新しい素粒子」であるなら、素粒子という観点からの存在証拠が必要です。つまり、ダークマターと、通常の物質すなわち原子・分子とが、重力以外で影響しあっている証拠がいずれにしろ必要です。

ダークマターの探索は一種の戦国時代に突入したのかもしれません。こんな時にはよく、予想もしていないところから、「決定打」が出ることがあります。もちろん、ＷＩＭＰの可能性は、まだまだあります。ＷＩＭＰの持つ整合性や理論的な後ろ盾など、捨てきれないものが多くあります。

ダークマターの正体を明らかにするためには、ダークマターの信号を確実なものにしなくてはいけません。「信号」を見つけただけでは、なかなか信用されません。探索するダークマターによって、もちろん、違いがありますが、たとえばＷＩＭＰであれば、信号が出るのが第一段階だとすると、次に重要なのは、エネルギー分布の測定、そして季節変動をしているかどうかの測定、標的を変えた時の測定などで、詳細な測定が続けて必要になります。このような展開をも念頭に置いて、将来のダークマターの検出方法を考え、ポリッシュアップしていく必要があります。

次章では、ここで説明したダークマター候補たちについて、もう少し説明するとともに、見つける努力を、どのような方法で、どのように行ってきたか、そしてこれまでの結果はどうだったのか、これからさらに何をしようとしているのかをお話ししようと思います。

第11章　かつてのダークマター候補たち

11・1　ニュートリノ

まだ、ニュートリノの質量がよくわかっていなかった頃、ニュートリノはダークマターの重要な候補でした。ニュートリノは、すでに実際に存在することが明らかであったことも、ダークマターの候補と考えられた理由の一つです。ただし、ここで言うニュートリノは、太陽ニュートリノでもなく、超新星からのニュートリノでもなく、第4章で説明した宇宙の初期にできたニュートリノです。

宇宙が始まってから数秒が経った頃の話で、その時の温度は約1・5×10^{10}Kです。その時期になるまで（その温度に下がるまで）、ニュートリノ（ν）は電子と

$$\nu+\bar{\nu}\leftrightarrow e^{+}+e^{-}$$

という反応を通じて、熱平衡状態になっていました。平衡状態ですから、電子もニュートリノも、それぞれの数密度（単位体積あたりの数）は、温度で決まっています。温度が下がるにつれ、その数密度は小さくなってゆきますが、つりあったまま安定しています。実際には、$\nu+\bar{\nu}\leftrightarrow e^{+}+e^{-}$反応が、温度で決まる一定の割合で起きており、右向きの反応、$\nu+\bar{\nu}\rightarrow e^{+}+e^{-}$と、左向きの反応、$\nu+\bar{\nu}\leftarrow e^{+}+e^{-}$とが、つりあっているということです。温度が下がってくると、温度依存性を持った反応の割合は下がっていきます。150億度になると「宇宙の膨張の方が勝り」反応が起きなくなり、ニュートリノは、電子・陽電子と切り離され自由に膨張してゆくことになります。脱結合です。現在このニュートリノの温度は、絶対温度で、1・95Kです。

ここで「宇宙の膨張の方が勝り」というのは、意味が少しわかりにくいですね。反応の割合と宇宙膨張とをどのように比較して「勝る」というのでしょうか。反応の割合をもう少し定量的な

言い方で表すと、単位時間内で反応を起こす確率（Γ）です。その時の宇宙年齢程度の時間で、反応が1以下になるようなら、脱結合をしていると言ってよいでしょう。

ハッブル定数（H）の逆数が、宇宙年齢程度を表すので、$\Gamma < H$ ですから、「勝る」と言ってもよいでしょう。もちろん「宇宙年齢」は、$\Gamma/H < 1$ が条件で、正確にはハッブル定数の単純な逆数ではありません。しかし、指標として使うことは構いません。この判定条件を「ガモフの基準」といっています。

この宇宙初期にできたニュートリノの数は、現在の観測量に換算すると、ニュートリノ1種類に対して、110個／cm^3です。これは、脱結合をした時の、150億度という温度に対応するフェルミオンの数密度分布から求めたものです。そして、1m^3あたりでは、1・1×10^8個になります。ダークマターの量は1m^3あたり陽子1・6個分に相当する質量密度です。すなわち、約1・6GeV／c^2／m^3になります（第4・1節参照）。

ニュートリノがダークマターであるなら、この約1・6GeV／c^2／m^3の質量をニュートリノが担わなければいけません。ニュートリノに対してのこれまでの研究から、3種類あるニュートリノの質量は、大きな階層性を持っています。すなわち2番目に重いニュートリノの質量は、一番重いニュートリノの質量に比べて無視できるくらい軽いのです。2番目と3番目の関係も同様です。したがって、宇宙にあるニュートリノの全質量を担うのは、1種類のニュートリノのみになります。ただし、反ニュートリノも存在しますから、２種類ということになります。質量を担うニュートリノの数は２・２×10^8個ということになり、ダークマターニュートリノの質量は、７・２eV／c^2となる必要があります。

そこでニュートリノ振動の結果が重要な役割を果たすことになります。１９９８年、スーパーカミオカンデ実験グループは、大気ニュートリノの観測から、ニュートリノが飛行中にその種類を変えるという、ニュートリノ振動現象を発見し、ニュートリノには質量があることを示しました。ニュートリノ振動では、質量の差しかわかりません。しかし、ニュートリノの階層性を仮定すると、最も重いニュートリノは、０・０５eV／c^2と求められました。ニュートリノがダークマターであるためには、質量がこの１５０倍重くなくてはなりません。これで、ニュートリノがダークマターであるという可能性は消えたのです。

余談ですが、ニュートリノ振動が発見される前、１９８０年代に長基線ニュートリノ振動実験を研究者たちが考えていた頃、ダークマターニュートリノの質量が数eVであるということが、実験をデザインする上でも大きな影響を与えていました。ヨーロッパのグループは、次のニュートリノ振動実験のターゲットを質量が数eVのところに設定しました。それに対して、日本は、質量が小さいところに狙いを定めたのです。結果、日本の選択が正しかったということになりました。ダークマターを含め、一気にニュートリノ質量を解決するというようなうまい話の通りには、自然はできていなかったのです。

また、宇宙論の議論で、冷たいダークマターが優勢になるにつれ、熱い（相対論的な）ニュートリノには、さらなる逆風が吹くことになり、ニュートリノはダークマターの議論からは外れていくことになります。

宇宙初期に創成されたこれらのニュートリノは、温度が1・95Kなので観測は難しく、これまで観測されていません。しかし、観測自体の科学的な意義は重要で、もし、成功すれば、宇宙開闢1秒後の情報を直接見ることが可能になります。今見えている2・725Kの宇宙背景輻射（CMB）は、開闢後38万年経った宇宙の姿です。

11・2　マッチョ（MACHO）

太陽質量の0・08倍以上の星は、自らが核融合反応により輝き始め、主系列と呼ばれる安定な状態になります。しかし、質量が0・08倍以下の星は、光り輝くことなく、冷たい褐色矮星と呼ばれるものになります。月も自ら輝かない天体（衛星）ですが、近いため太陽からの光の反射を受け、我々はその存在に気づくことができます。しかし、褐色矮星は小さく、しかも太陽からの距離は離れているので、反射光を見るのは困難で「見えない」天体なのです。

銀河は、1000億もの星が集まり光り輝いています。我が銀河は、それらの星が、渦巻き状に集まっているので渦巻き銀河と呼ばれています。しかし、銀河はその光り輝く渦巻きの外側を銀河ハローと呼ばれる、薄い星間物質や、星の集団である球状星団などで球形にとりかこまれています。かつて銀河ハローに存在するのではないかと言われた小さな天体、ＭＡＣＨＯ(Massive Compact Halo Object：マッチョ）が、ダークマターではないかとも言われました。褐色矮星はその候補の一つとなります。

さて、見えない小天体を見るにはどうすればよいのでしょう。これには、強い重力レンズ、弱い重力レンズに次ぐ3番目の重力レンズであるマイクロレンズと呼ばれる効果を利用します（図11・1）。

地球からマゼラン雲の星を観測している時に、その視線を横切るようにＭＡＣＨＯが通過すると、ＭＡＣＨＯが重力レンズの役割を果たし、観測している星が増光します。星が、その前を通過するレンズ天体の通過によって、増光するのは、レンズ効果によって、集光の立体角が大きくなるからです。観測者と背景星を結ぶ直線を、ちょうど断ち切るように横切る時に、最も増光量が多くなります。直線から離れて通過するにつれ増光は小さくなります。これは、一直線上に並ぶ時が、レンズ効果が最もよいからです。直感的にもわかることでしょう。

増光してまた元に戻るまでの時間（増光時間）は、横切る小天体（レンズ天体）の質量によります。質量が大きければ、光を曲げる力が強くなり、離れたところからでも影響を及ぼします。

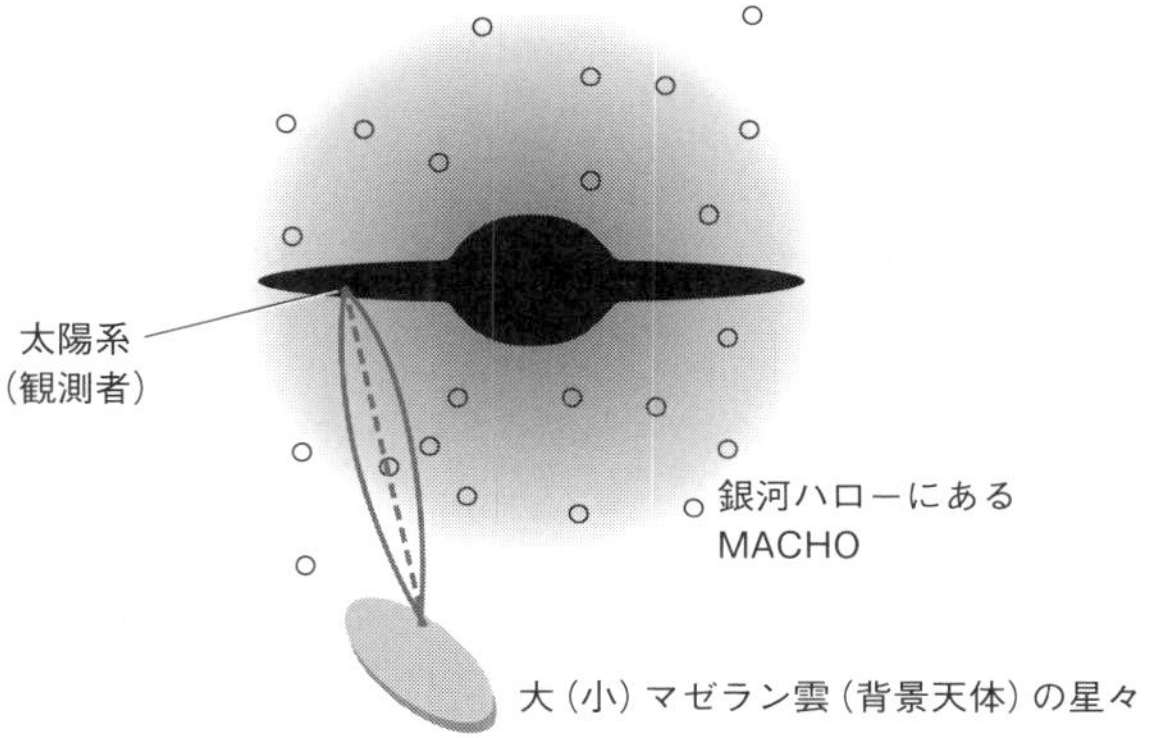

図11.1　地球からマゼラン雲の星を観測している時に、その視線を横切るようにMACHOが通過すると、観測している星が増光する。

レンズ小天体の速度はほぼ一定とします。そうすると、大きい質量のレンズは、遠くでも影響を与えていることが理解できると思います。詳しい計算によると、増光時間は、質量の平方根に比例します。質量が太陽質量と同じ場合（この場合ＭＡＣＨＯではありませんが）には、75日になります。したがって、ＭＡＣＨＯとして関心のある質量の範囲では、10^{-6}太陽質量で１・８時間、10^{-4}太陽質量で18時間、10^{-2}太陽質量で７・５日になります。逆に、増光時間がわかれば、通過した天体の質量がわかります。

さて、大事なのは、マゼラン雲の星を観測している時に、ＭＡＣＨＯダークマターが観測に引っかかる頻度を推定することです。ダークマターの密度はこれまでの議論でわかっていますので、ダークマターがすべてハローの小天体だとすると、100万個の星を観測して1回効果が見つかる程度と推定されました。

マイクロレンズにはさらにいくつかの特徴があります。小天体が一定速度で視線を横切るので、増光、減光が時間に対して対称であるのは明らかです。たとえば、超新星の爆発などでも急な増光があるのですが、減光にはより長い時間がかかります。ハロー小天体による増光、減光は、観測できるどんな波長で見ていても、時間変化も増光量（割合）も同じになります。通常の変光星は、波長によって、増減光の様子が違います。そして、100万個を観測して1回の効果が見つかるかどうかなので、同じ背景天体に対して、小天体による増減光は、一度しか起こりません。変光星は、繰り返し起こる可能性があります。

初期のMACHO探索は、2つのグループで行われました。グループ名は、それぞれMACHOとEROSといいました。物理屋が付ける名前は、どことなく変で、国際会議でグループの名前を言うと「……?」という反応でした。MACHOグループは、オーストラリアのストローム口（Stromlo）天文台の視野が0・5度×0・5度の1・27m望遠鏡を使用し、EROSグループは、チリのラ・シヤ（La Silla）天文台の視野が1度×1度の1m望遠鏡を使っています。広視野で一度にできるだけ多くの背景天体が観測できるのが望ましいのです。

MACHOグループは、大マゼラン雲の1200万個の星を6年近く観測して、13個のマイクロレンズ候補を発見しています。我々の銀河ハローには、ＭＡＣＨＯが存在することを示しました。ＥＲＯＳグループは、ＬＭＣ（Large Magellanic Cloud：大マゼラン雲）とＳＭＣ（Small Magellanic Cloud：小マゼラン雲）の明るい星７００万個を解析し、11個のマイクロレンズ現象候補を発見したとしました。しかし、ＥＲＯＳグループは後に１つを除き、信号ではないが信号と見誤るような別のもの（ノイズとかバックグラウンドとかといいます）であった、という発表をしました。主なバックグラウンドは、長周期で不規則な変光星や新星、超新星などを見誤ったものでした。変光星は同じ星で2度起こったものだったのです。

これらの観測から、光らないハロー小天体が我々の銀河にあることは確かのようだが、その量は、ダークマターの条件として必要な量の１割以下に過ぎないことが、明らかになりました。すなわち、ＭＡＣＨＯは、見つかりましたが、ダークマターの主な成分ではありませんでした。

11・3　ブラックホール

ブラックホールがダークマターではないかという話があります。この話も、ダークマター議論の表舞台に出たり、引っ込んだりしています。最近では、ダークマター候補のダークホースとして考える人もいます。ブラックホールは、何物をも飲み込んでしまう宇宙の怪物みたいに考えられています。これがどうしてダークマターになるのかは、少し先のお楽しみとして、ブラックホールについて、ざっと概観しましょう。

●ブラックホールの撮影に成功

皆さんの記憶にも残っていると思いますが、2019年4月に「ブラックホールの撮影に成功」というニュースが世界中に流れました。何でも飲み込んでしまい、光すら出てくることができないブラックホールをどうやって「撮影」したのでしょうか。

地球上に分散している8つの電波望遠鏡のデータを一緒に結合して（もう少し詳しく言うと、データの時刻合わせをきっちりして）、解析することで、実質8つの望遠鏡をつなぐ地球規模の平面の大きさを持つ望遠鏡と等しい分解能を持った望遠鏡にすることができます。この巨大な電波望遠鏡は、イベント・ホライゾン・テレスコープと名付けられました。イベント・ホライゾン（事象の地平線）という名前は、観測者からブラックホールの中はどうやっても見ることができない、事象の地平線の先である、ということからきています。

技術的には大変難しい観測です。彼らが観測したのは、M87と名付けられている楕円銀河で、地球から5500万光年離れています。銀河中心に太陽質量の65億倍という巨大なブラックホールがあるとされていました。観測した写真（図11・2）の中央には黒い影があり、その周りに輝いているものが見えています。大きさは、光っているところまで含んで、42マイクロ秒角の大き

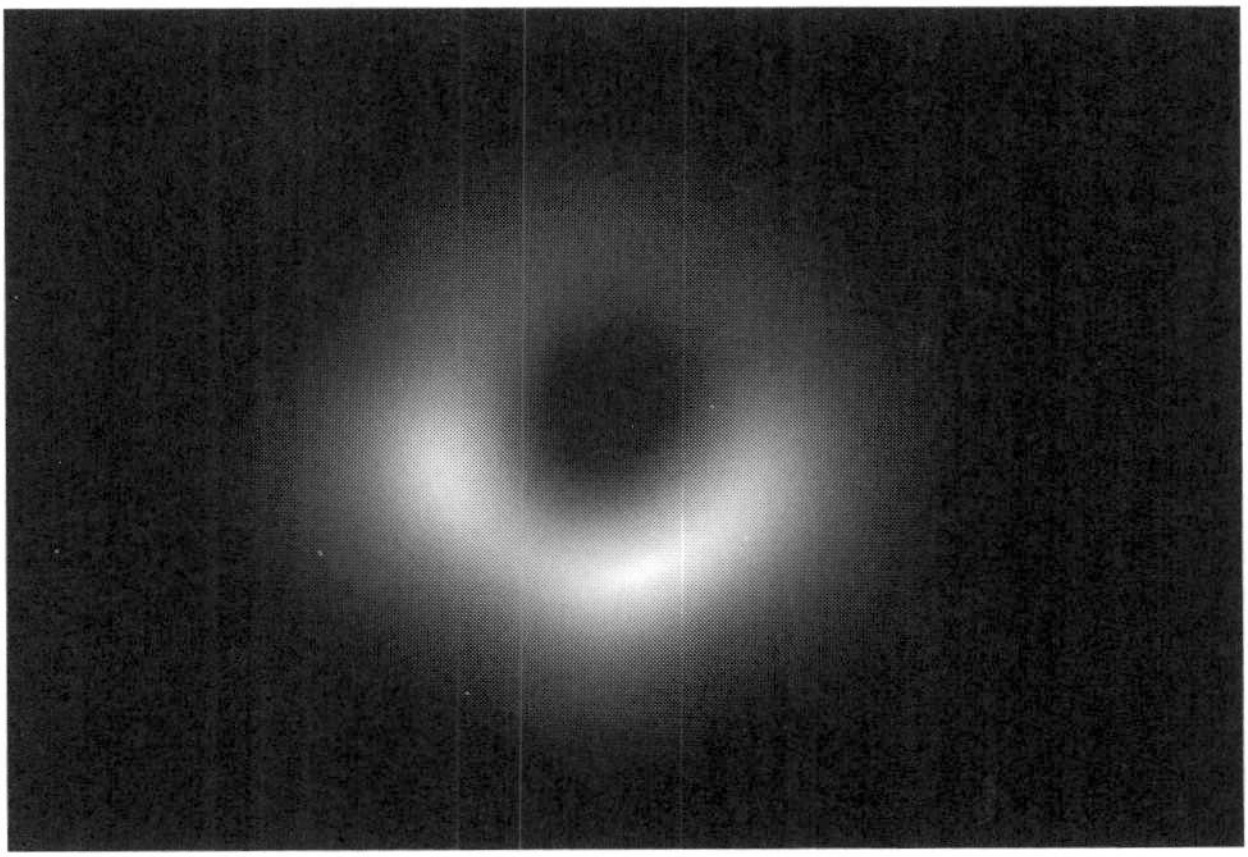

図11.2　ブラックホールの撮影に成功

さで、これは月の大きさのおよそ5000万分の1のサイズになります。地球サイズの電波望遠鏡だから見える大きさです。

ブラックホールからは光すら逃げ出すことができません。ブラックホールは周囲の物質をどんどん吸収してゆきます。この周囲の物質は、ブラックホールに食われる前に激しく加熱されます。加熱されているところでは、光（実際見ている波長は電波）が発生しています。光は様々な運命をたどります。ブラックホールに吸い込まれるもの、ブラックホールの周りを回るもの、ブラックホールに曲げられるが重力を振り切って遠方に飛んでゆくもの……。

最終的に我々の方向にむけて、逃げ出してくるものが、真っ黒のブラックホールの周りに観測されている「光」なのです。光は、いったんブラックホールに入ったら、出てこられなくなります。この出てこられなくなる境界をシュワルツシルト半径といいます。光の重力での曲がりのところ（第9・1・1項）で簡単にふれましたが、ニュートン力学でも光が出ることのできない半径が、計算で求められています。１７９６年にラプラスが、光速を脱出速度として、光が飛び出すことができない天体があるとしました。これが、ブラックホールの最初のアイデアではないかと思います。一般相対性理論の１００年以上前の話です。もちろん厳密な解釈では、第９章で述べたように、ニュートン力学では矛盾を含んでしまいます。

●どうやってブラックホールが作られるか

さて、ブラックホールはどうやってできたのでしょうか。通常のブラックホールは、質量の重い星が燃料を使い果たし、重力に耐えられず押しつぶされ、最後に迎える超新星爆発後に残される天体の一つです。

爆発する星の質量が8$M_\odot$から40$M_\odot$だと（$M_\odot$は太陽質量）中性子星が残され、40$M_\odot$以上だとブラックホールになると考えられています。中性子星ができた場合、質量は1〜2$M_\odot$程度になります。重力のつりあいからは、その質量は１・４４$M_\odot$になりますが、状態方程式の違いから、質量に幅ができます。また、ブラックホールが作られた場合の質量は、太陽質量の数倍以上になります。これまでに観測されている、星の重力崩壊によりできたブラックホールの最小の質量は3$M_\odot$です。ブラックホールになる条件はよくわかっていて、〝星〟の質量がいわゆるシュワルツシルト半径（$R_s = 2GM/c^2$）以下に収縮すると、ブラックホールになります。

超新星爆発の場合は、直接ブラックホールになってしまうものと、いったん中性子星ができて、そこに降り積もる物質に耐えきれなくなったものが、さらに重力崩壊をして、ブラックホールになってゆく場合があります。現在の宇宙年代では、ブラックホールはこのような星の爆発によってのみ誕生するものと思われており、その質量は太陽質量よりも大きなものになります。ただし、先程紹介したような、太陽の65億倍の質量を持つ銀河中心の巨大ブラックホールが、どのようにしてできたのかは、まだ、はっきりわかっていません。宇宙の初期にできたブラックホールが、周りの物質を飲み込んでどんどん成長したものであるというのも一つの説です。

●原始ブラックホール

単純な膨張宇宙を考えてみましょう。加速膨張だ、減速だ、インフレーションだなどということは無視して、単純化しておきます。膨張宇宙の初期は極めて高密度です。しかし、ゆらぎによる密度の濃淡があり、非一様であったと考えることができます。したがって、高密度の宇宙初期の膨張の過程において、シュワルツシルト半径以下に収縮している物質の塊ができてもおかしくありません。それらは、膨張から取り残され、自身で重力崩壊をして、ブラックホールになる可能性があります。宇宙初期の様々な時刻に、様々な場所で、ブラックホールができたと考えることができます。これらの宇宙初期に生成されたブラックホールを、原始ブラックホール（ＰＢＨ：Primordial Black Hole）と呼びます。

このような考えは、１９６６年にゼルドビッチとノビコフ（Yakov Borisovich Zel'dovich, Igor Dmitriyevich Novikov）によって、さらに１９７１年にホーキング（Stephen Hawking）によって議論されています。ホーキングはその論文の中で、さらに、このようなブラックホールが、銀河を作るような種になったのではないかと、先駆者である１９６８年のマイスナーの論文を引用しながら説明しています。まさに、ダークマターとしての役割も議論されていたということになります。

原始ブラックホールの質量

生成するＰＢＨの質量は、作られた時刻、すなわち宇宙開闢以来の時間に比例して、大きくなります。最初のＰＢＨは宇宙開闢後、５・４×10^{-44}秒（プランク時間）以降に作られたと考えられます。ＰＢＨは「古典的」に考えるので、この時間以前だと量子状態を考える必要が出てくるため、とりあえず、これ以降にという話です。

ＰＢＨになる質量は、その時間で（粒子の）地平線（見える最も遠く）までに含まれる質量になります。プランク時間に作られるＰＢＨの場合、その質量は２・2×10^{-5}ｇになります。（粒子の）地平線は、時間が経過するに従って、だんだん広がっていきます。

そして、質量が大きなＰＢＨができるようになります。開闢後10^{-38}秒後には１ｇのＰＢＨが、10^{-23}秒後には10^{15}ｇのＰＢＨが、10^{-5}秒後には10^{33}ｇすなわち$M_{\odot}$（太陽質量）程度のＰＢＨが、そして１秒後には、実に、太陽質量の10万倍のブラックホールができる可能性があります。

ブラックホールの蒸発

原始ブラックホールは、どのような質量を持っているのでしょうか。原始ブラックホールは、ある特定の質量を持っているというよりは、非常に広範な質量分布をすると予想されています。そして、周りの物質を吸収して、その質量は、増大してゆくものと考えられています。しかし、実はそれだけではなく、少しずつ質量を放出（蒸発）してゆくことが明らかになりました。ブラックホールの境界は、一度踏み込んだら二度と出ることができないところです。ここから、質量が放出されてゆくとは、とても考えられない話だと思われていました。

少し、素粒子の話を絡めます。我々の周りの「真空」は、何もない世界のように思われます。しかし、ごく短時間に粒子と反粒子が、作られては消え、また作られては消えしているところなのです。粒子と反粒子はペアで、あたかも泡のように作られ、また消えてしまいます。作られては消えという状況は、ずっと見ていれば何も起こっていないように見えます。実際ペアと言っても、泡にペアが一緒にいつもへばりついている感じで、バラバラには存在しません。こうしたところに他の素粒子からの力の刺激があると、２つのペアがそれぞれ実在の粒子として作られることがあります。

ブラックホールの境界の外側でもこのような粒子・反粒子ペアが常に作られては消えています。しかし、非常に強い重力場のため、時には、ペアの片方がブラックホールに引き込まれてしまい、その片割れが、実在の粒子として、うまくブラックホール近傍から逃げ出す場合があります。

まんまと逃げおおせた粒子は、自身の質量を含めたエネルギーを持ち去ります。「ブラックホールと泡」が最初に持っていたエネルギーは、「ブラックホールの質量」と「真空」です。したがって、粒子がエネルギーを持っていってしまうと、エネルギー保存則からブラックホールの質量は減ってしまうことになります。

これは、ブラックホールに吸い込まれた粒子は「負のエネルギー」を持っていったと、昔風に考えれば、逆に想像しやすいと思います。このようなプロセスが続いてゆくと、ブラックホールは蒸発してなくなることになります。かなり簡略化した説明ですが、大筋はわかっていただけたと思います。１９７４年にホーキングが提案をして、ホーキング輻射と名付けられたものです。

ブラックホールの質量が10^{-5}ｇだと仮定してみると、蒸発時間は10^{-43}秒となります。したがって、プランク時間にできたＰＢＨはすぐ消滅したことになります。ＰＢＨの質量が10^{15}ｇだと蒸発までの時間は数十億年となります。時間が、質量の３乗に比例することが、理論的考察により得られています。したがって、質量が増えるにつれ、急速に蒸発までの時間がのびてゆきます。開闢後10^{-23}秒以内に誕生したであろう10^{15}ｇ以下のＰＢＨまでは、現在までの１３８億年の宇宙の歴史の中で、蒸発して消えてなくなっていると考えられているのです。

●原始ブラックホールはダークマターか

さて、これまでの話に従うと、質量が10^{15}ｇ程度のＰＢＨがもしあれば、現在まさに蒸発中ということになります。それらが、銀河ハローに存在しているとすると、その蒸発の効果が、ガンマ線やその他の素粒子の信号として見える可能性があります。蒸発を観測するための、高エネルギーのガンマ線バーストの検出実験では、残念ながら信号は見えませんでした。他の実験からも顕著な兆候は見えません。

さらに、10^{15}ｇよりも重いＰＢＨは、理論の予想通りに作られているとすると、現在でも生き残って存在しているはずです。それらは、重力相互作用を通じて観測可能であり、ダークマターの有力候補になります。前に紹介した銀河中心にある巨大なブラックホールも、同様なＰＢＨが起源である可能性はありますが、証明されていません。ダークマターの可能性がある、10^{15}ｇ程度以上のＰＢＨでも、実はガンマ線の計測などで10^{17}ｇ以下の可能性は否定されています。

少し重い方を探ってみましょう。太陽質量の５倍（５$M_\odot$）以上のＰＢＨは、周りの水素を温めたり、イオン化したりするので、宇宙背景輻射（ＣＭＢ）のスペクトルを歪める可能性があります。しかし、歪みは実験誤差の範囲で、ＣＭＢのスペクトルは大きく変わっていません。とりあえず、存在の可能性は否定されています。

ここまでの話でわかったことは、ダークマターになりうるブラックホールの残された可能性の窓は10^{17}ｇから５$M_\odot$（10^{34}ｇ）です。この領域で質量が重いところの探索は、ＭＡＣＨＯ探しと同じ手法が使えます。マイクロレンズを用いる手法です。前に話したように、マイクロレンズによる増減光の周期は、質量の平方根に比例しており、太陽質量の５倍のときは１６８日です。10^{17}ｇ、すなわち$10^{-16}M_\odot$の時は、０・１秒になります。０・１秒の周期を測るのは不可能で、10秒程度が限界でしょう。実際は、最近の実験で、10秒周期の$10^{-12}M_\odot$あたりまで測定されて、その範囲の質量のＰＢＨは否定されています。参考のため、ＭＡＣＨＯ実験での下限は$10^{-7}M_\odot$程度で、20分ぐらいの周期を測定しています。上限は10$M_\odot$でした。

観測されていない質量範囲の$10^{-14}M_\odot$から$10^{-12}M_\odot$は、周期が１秒から10秒ですが、技術的には困難でまだ観測はなされていません。なお、さらに小さいＰＢＨの質量である$10^{-14}M_{\odot}$から$10^{-16}M_{\odot}$になると、光の経路の微妙な差を利用したフェムトレンジングという特殊な方法があり、すでにある程度の結果が出ています。しかし、ＰＢＨはすべての質量領域で否定されたわけではありません。

第12章　最有力候補ＷＩＭＰに陰りが？

この第12章は、この本のメインになります。過去何十年にもわたり、ダークマターを見つけようという多くの観測実験が、弱い相互作用をする重い粒子（ＷＩＭＰ：Weakly Interacting Massive Particles）を目的にしてきたと言っても言い過ぎではないでしょう。ＷＩＭＰは、ダークマターの「最有力候補（well-motivatedと英語でよく言われる）」であり、新しい素粒子であると考えられています。ニュートリノのように中性で弱い相互作用をするけれども、微小な質量を持つのではなく、たとえば陽子の質量の１００倍とか１０００倍の重さがあると考えられ、現在までに知られている素粒子のカテゴリーにはない新しい素粒子です。

そして、以下に詳述するように、ＷＩＭＰは他の候補にない魅力を持っている奇跡のダークマター候補なのです。ダークマターが本当にＷＩＭＰならば、宇宙初期のダークマター誕生にまつわる話から、現存するダークマターの量、そして未知の素粒子の存在に至るまで、すべてが無理なく説明できます。

ここでは、このＷＩＭＰの魅力を話しますが、現在行われている実験・観測の詳細にも立ち入ります。実験・観測の話は、かなり専門的・技術的な内容を含むため味気ない部分もありますが、省けないところです。ダークマターは、実験・観測により検出されなければ、現実のものにはなりません。この章で、探索の現場の様子を皆さんに伝えることができれば、本書の目的の一つが達成されたことになります。私自身が実験・観測屋であるため、他の同様な本にはないことが伝われば幸いです。ただ、実験の細かい話より結論を先に読みたい方は、第12・4節を飛ばしてもよいでしょう。

現在、ＷＩＭＰにも若干の陰りが見えてきています。ＷＩＭＰ以外に、いくつもの新しいダークマターの候補が注目を集めています。しかし、多くの研究者は、他の可能性を心に留めつつも、魅力的なＷＩＭＰを求め探索を続けています。

12・1　ＷＩＭＰの奇跡

宇宙初期に作られる素粒子（この場合ダークマター）の数は、宇宙が十分に高温の時には、生成と消滅が平衡状態となって一定量を保ちます。宇宙膨張とともに温度が冷えてゆくと、生成よりも消滅が打ち勝つようになります。そして、第4章で説明したように、ある時期にその対消滅も停止し、ダークマターの数が固定（凍結あるいは脱結合）されます。それ以降は、固定された数のダークマターが、膨張する宇宙空間を対消滅せず自由に飛び交います。

凍結される時期は、ダークマター同士が出会った時に消滅を起こす「力の大きさ」と、膨張速度のバランスで決まります。凍結前には、ダークマターの数は対消滅により減っていきます。さらに、宇宙膨張は、ダークマターの数密度を減少させます。そのため、ダークマター同士はだんだん会えなくなって、対消滅しにくくなり、膨張がさらに進むと、ついには、ダークマターは対消滅をする相手を見つけられなくなり、その時点で凍結することになります。

力が強ければ、膨張が進んだ遅い時期に凍結するので、残されるダークマターの数密度は小さくなります。力が弱ければ、早い時期に凍結するので、残されるダークマターの数密度は大きくなります。ダークマターの持つ相互作用の強さと残存するダークマターの数密度に、深い関連があるのです。そして、数密度が決まれば、現在のダークマターの密度は観測などでわかっているので、ダークマターの質量が決まることになります。

逆に、ダークマターの質量として、弱い相互作用の典型的なスケールとされる２００GeV／c^2程度とすると、現在観測されているダークマターの量を、ピタリと予言することができます。これが、ＷＩＭＰダークマターが「最有力候補」とされる理由です。そして、この一致がＷＩＭＰ

の奇跡と呼ばれているのです。

●奇跡のWIMPはどこに

このWIMPの自然な受け皿として、第4章で解説した、素粒子の標準理論を拡張した新たな素粒子理論「超対称性理論」があります。この「超対称性理論」は、標準理論の欠陥をなくし、重力を含めた統一理論への将来の道筋をも示しているという、まさに、めでたしめでたしのシナリオなのです。これが、この奇跡のWIMPをさらに魅力的なものにしていました。

ダークマターの探索が行われていた最初の頃は、ダークマターはWIMPであり、しかも、その背景に超対称性理論というものを考えていたので、ダークマターが通常の物質と弱い相互作用をすることは、なんら不思議ではありませんでした。むしろ、そういうものを、ダークマターと考えていたのです。

ところが、現在まで、血の出るような実験屋・観測屋の努力によっても、WIMPの確実な証拠を捉えることはできていません。もちろん、まだ探索するべき領域は残っていますが、だんだん狭まってきています。それでも、まだWIMPの可能性は消えておらず、近々見つかるものだと考えている研究者も多くいます。奇跡のWIMPはどこにいるのでしょうか。

本章では、以下、WIMPダークマターのことを、時折、単にダークマターと記述しますが、

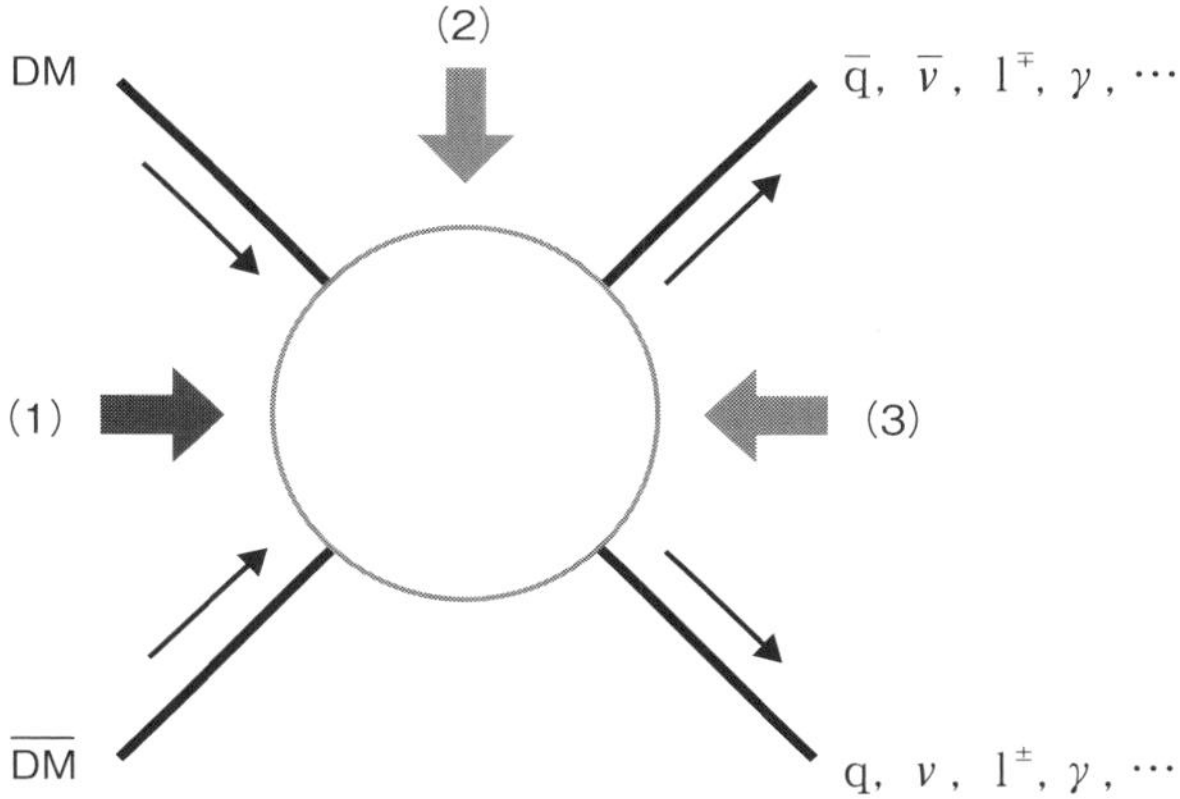

図12.1　ダークマターと通常の物質が相互作用する様子
図の「見方」を変えると、間接測定の様子を示したり、直接測定を示したり、加速でのダークマターの生成の様子を示したりする。

予めご了解ください。

——• 便利な図

ダークマターと通常の物質の反応の仕方を見る便利な図を、図12・1に示します。この図を頭に入れておくと、重力以外の「相互作用」を通して、ダークマターを観測する状況が考えやすくなります。図の中で「DM」はダークマターを表します。「$\overline{\mathrm{DM}}$」は反ダークマターです。ダークマターが粒子と反粒子の区別のない粒子（マヨラナ粒子）の時は、$\overline{\mathrm{DM}}$＝DMです。たとえば、ニュートラリーノという超対称性理論でのダークマター候補の一つはマヨラナ粒子です。図12・1のq、ν、$l^{\pm}$、γ、…は、「素粒子の標準理論」の粒子たち（クォーク、ニュートリノ、レプトン、ガンマ線など)、すなわち通常の物質のことです。
さて、図の矢印(1)に沿って、時間が左から右に流れると考えれば、図12・1は、ダークマターがぶつかりあって対消滅し、通常の物質/反物質が対生成されることを示しています。ぶつかるところは、円で塗りつぶしてあります。具体的な素粒子のモデルを使うと、円の中身を書くことができますが、通常は、何が起こるかわからないので塗りつぶしていると思ってよいでしょう。このように矢印(1)に沿って、生成された通常の物質/反物質を観測することで、間接的にダークマターの観測を行うので、間接測定といわれています。宇宙から飛来する、陽子、反陽子、電子、陽電子、ガンマ線などを観測します。

次に、図12・1の矢印(2)に沿って考えましょう。時間は上から下に流れます。ダークマターや粒子が走ってゆく方向を少し調整する必要があります。上から下に流れるので、まず、通常の反粒子の矢印を反転させます。そうするとこれは、粒子が飛び込んでくることに対応します。そして、入ってくる反ダークマターも矢印の方向を変えると、ダークマターが出ていくことになります。

したがって、この場合は、DMがターゲットである通常の物質(実験を考えると原子核など)と反応をして、通常の物質を蹴り出すことに相当します。これを弾性散乱といいます。この場合、通常の物質としては、クォークqと、レプトンのうちの電子のみが、意味を持ちます。ミューやニュートリノ、そしてガンマ線などを標的にはできません。

たとえば、弾性散乱の例としては、液体キセノンをターゲットにした検出器にダークマターが飛び込んできて、キセノン（詳細は後述しますが、クォークでできてます！）を蹴り出すということが考えられます。蹴り出されたターゲット物質（この場合キセノン原子核）を観測することで、ダークマターが検出器で起こした反応を調べることができます。

この矢印(2)は、検出器を用意して、ターゲット物質で直接ダークマターの反応を検出するので、直接測定、直接探索などと呼ばれています。

最後の矢印(3)ですが、これは、加速器によるダークマターの生成に対応します。時間は、矢印に沿って、右から左に流れていきます。矢印の反転問題は、(2)と同様に考えてみましょう。ただし、加速器で加速できるのは、電荷を持った安定な粒子です。

したがって、現在の衝突型加速器では、陽子と陽子の衝突、陽子と反陽子の衝突、そして電子と陽電子の衝突が、主流になります。

世界最高のエネルギーを持った加速器は、現在スイスの欧州原子核研究所のＬＨＣ（Large Hadron Collider）という陽子－陽子衝突型の加速器で、衝突エネルギーが14ＴeVです。したがって、７ＴeVまでのダークマターの生成が可能と思われますが、このエネルギーでの衝突は、陽子といっても基本粒子のクォークやグルオンの衝突と見なす必要があります。陽子の中で、１つのクォークの持つ運動量は、陽子の6分の1程度と見積もられているので、実際、生成可能なダークマターの質量は1〜2TeVまで、ということになります。

さて、ダークマターは生成された後、ほとんど反応しないので、ダークマターが対で作られても、それを観測することはできません。見えないものを見る工夫はいくつかあって、衝突直前にガンマ線を放出してから衝突する現象を探すのも一つの方法です。モノジェットと呼ばれているもので、これが、実は、加速器での最も単純なダークマター生成反応に対応します。しかし、残念ながら、痕跡は見つかっていません。加速器によるたくさんの観測結果は、ページ数も限られるので、ここではこれ以上説明しません。

12・2 WIMPの間接測定

ダークマターが宇宙の初期に生成されてから、その全量はほとんど変化していません。しかし、宇宙が発展して、銀河や銀河団、そしてそれらが連なった宇宙の大規模構造が作られてゆく過程とともに、ダークマターの濃淡も強くなり、その空間分布は大きく変化しました。

ダークマターの濃淡と「通常物質」の濃淡は深く関係しています。ダークマター同士の重力の他にも、ダークマターと「通常物質」の間に働く重力によっても引き合うので、ダークマターの多く集まるところには通常物質も集まり、その密度の濃い部分は、ますます濃くなってゆきます。通常物質が濃く集まっている場所は、宇宙スケールで見ると銀河や銀河団などです。したがって銀河や銀河団にはダークマターが多く集まっています。

しかし、宇宙における通常物質とダークマターの分布は全く同じではありません。物質が濃く集まるというのはどういう過程なのでしょうか。広く分布している物質が、自己重力で集まり出すと、個々の物質粒子は、重力エネルギー（位置エネルギー）を得て、運動エネルギーが増加します。運動エネルギーは粒子たちの速度ですから、速度の増加は、集まってきた物質粒子が作る「圧力」が増加すると考えてよいでしょう。

したがって、どこか適当なところで、収縮しようとする重力の力と膨張しようとする圧力がつりあうことになります。その後さらに収縮するためには、収縮しようとする重力にさからってい る圧力を、何らかの相互作用により、下げる必要があります。ダークマターが持っている運動エネルギーを減らせばよいのですが、重力相互作用しかないダークマターは、その運動エネルギーを、効率よく表面から逃がしたりすることはできません。

これに対して通常物質は、電磁的な相互作用により、運動エネルギーすなわち内部の圧力を別の形で外に放出して失うことができ、さらに収縮が進んでゆきます。そして、結果として、星、銀河団、大規模構造の生成にまで発展するのです。もちろん通常物質の発展の裏側には、まとわりついているダークマターが大きな役割をしているのは言うまでもありません。

銀河内部にもダークマターは染み込んで分布しています。ただし、その分布は通常物質の分布とは異なります。銀河の光っている部分だけでなく、周りのハローと呼ばれる部分にもダークマターがまとわりついています。

ダークマターが集まっている場所の中で、少し特別なところがあります。ダークマターが「エネルギー損失」をして天体に捕獲され、その中心にダークマターが蓄積してゆく場合があるのです。通常物質の密度が「非常に高い」天体をダークマターが通過すると、弾性散乱により、運動エネルギーを失い、自身のスピードが減速します。そして、減速した速度が、その天体の脱出速度以下になると、ダークマターはその天体から脱出できずに、天体に捕獲されてしまいます。太陽や地球には、そのようにして捕獲されたダークマターが蓄積されているとも考えられています。

●ダークマターの対消滅

ダークマターが濃く集まっていると思われる我々の銀河（特に銀河中心）や、我々の銀河の周りのサテライト銀河、そして、太陽や地球の中心などでは、ダークマターが対消滅を起こし、観測可能な通常物質を対生成していると考えられています。

対生成するのは、陽子・反陽子、電子・陽電子、ニュートリノ・反ニュートリノの対などともに、重いクォークや重いレプトンである、b-クォーク、c-クォーク、t-クォークやミュー、タウなども、その反粒子とともに生成されます。観測しやすいガンマ線対も発生します。あらゆる物質粒子が、エネルギー保存則で許される限り生成されると考えてよいでしょう。

また、たとえば、クォークやレプトンは、崩壊して二次粒子を生成し、それらが観測にかかることがあります。どのような粒子が観測にかかるかは、生成から崩壊までの過程の知識を動員して、シミュレーションしなくてはいけません。このシミュレーションは、通常の物質の話なので、かなり正確な推測が行えます。

荷電粒子が生成されるなら、伝搬中に銀河磁場の影響をもろに受けて曲げられたりするので、それも計算する必要があります。ガンマ線は発生点から曲げられずにまっすぐ飛んできます。したがって、ダークマターがたくさん集まっている場所の情報を得ることができます。対消滅で、ニュートリノが出てくる場合もあります。この場合には、ガンマ線と同様に発生場所から一直線に飛んできます。しかも、ガンマ線では吸収されてしまうような密度の高い場所、たとえば、太陽中心や地球中心からの情報を運んできてくれます。

宇宙空間では、ダークマターの対消滅以外のプロセスからも、通常の素粒子が生成されるので、ダークマターからの信号であると言うためには、観測したものがダークマター以外では説明できないものであることを示さなくてはなりません。信号とおぼしきものはこれらのバックグラウンド事象の上に見えることになるのです。反物質である陽電子や反陽子は、宇宙にはあまり多く存在していないのでバックグラウンドが少なく、信号としては同定しやすいものです。また、ガンマ線やニュートリノは、発生源がわかるので、真偽判定もしやすくなります。

この「間接測定」ではダークマター同士の反応を直接見る（研究する）ことはできません。しかし、生成物からの情報で多くのことがわかります。対消滅の割合は密度に比例して増大します。したがって、濃い部分がよく見えることになります。ダークマターの対消滅で生成された通常の素粒子の最大エネルギーは、ダークマターの質量に対応します。たとえば、100GeVのガンマ線が2本観測された時は、対消滅したダークマターの質量は100GeVです。このように、ダークマターの質量の情報が得られるのです。

●宇宙からの陽電子にヒントが？

宇宙から飛来する陽電子にダークマターのヒントが含まれているのではないかという話があります。

陽電子は、人類が最初に発見した「反物質」です。1932年、アンダーソンは、霧箱を用いて宇宙から地球に飛び込んでくる放射線である宇宙線の研究をしている時に、質量は電子と同じであるが反対の電荷を持った粒子、すなわち陽電子を発見しました。

これまでに、宇宙線陽電子は、ほとんどが系外宇宙から飛び込んでくる一次宇宙線（そのほとんどが陽子）から作られる二次的生成物であることがわかっています。たとえば一次宇宙線が星間ガスと衝突して、π^+中間子が作られ、π^+中間子からμ^+の崩壊を経てe^+（陽電子）が作られます。

１９６４年に、宇宙線中の電子・陽電子成分に対する陽電子の割合、e^+／（$e^+ + e^-$）が測定されました。結果は、約10ＧeV程度まではこの割合は減少し、10ＧeVを超えるとやや増加に転じるというものでした。その後、いくつかの実験が、同様の結果を得ています。

ただし、当時の実験は小規模で、ちょうど、10ＧeVあたりから観測数が少なくなり、実験データの統計的な誤差が大きくなっていました。実験データは、宇宙線による陽電子発生のモデル計算と10ＧeVあたりまではよく合いました。それ以上のエネルギーになると、計算では陽電子の割合はそのまま減少してゆきますが、観測データは、その予想よりも多いところに分布しています。予想との違いには、いくつかの原因が考えられ疑問が示されています。

・陽電子が銀河内で一次宇宙線で作られてから、地球に到達するまでの伝搬モデルに問題はないのか？
・宇宙線が巨大な分子雲と衝突して陽電子を作り出しているのか？
・銀河内の近傍のパルサーなど陽電子源があるのか？

・ダークマターか？

最近、この問題解決に向け活躍しているのは、AMS（Alpha Magnetic Spectrometer）-02という実験装置で、宇宙ステーションに設置されています。

電子・陽電子の観測

AMS-02の重さは8・5トンあり、体積が64㎡×4mと、巨大な検出器です。リーダーは、第4番目のクォークを含む素粒子J/Ψ（ジェイプサイ中間子）を発見してノーベル物理学賞を受賞したサミュエル・ティン（Samuel Chao Chung Ting）です。AMS-02は、荷電粒子がプラスの電荷を持つかマイナスの電荷を持つか識別が可能で、1TeV近くまで電子と陽電子を区別して、エネルギーや運動量の測定を精度よく行うことができます。2011年の5月に打ち上げられ、宇宙ステーションに設置されました。

さて、10GeV以上で、陽電子の観測数が予想よりも多いというこれまでの示唆は、この最新の検出器ではどう見えたのでしょうか。ダークマターの証拠は見えたのでしょうか。図12・2を見てください。陽電子の観測数のエネルギー分布です。AMS-02は100万事象以上の陽電子を観測しています。300GeVくらいのところに山が見えます。山の落ち際は、統計が少し悪いです。この図は、実は、見やすいように、縦軸を単なる観測数（流量）ではなく、少し変えている

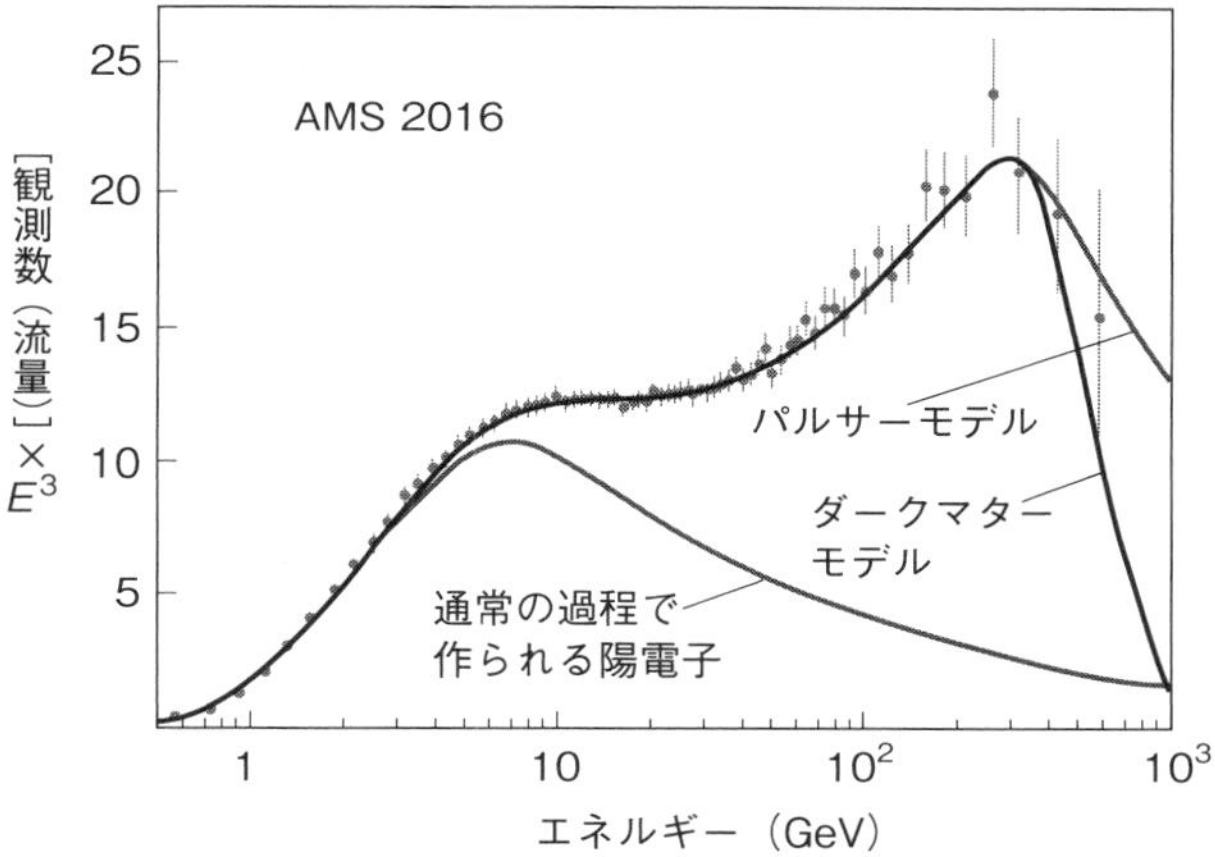

図12.2　宇宙から飛来する、陽電子（反電子）のエネルギー分布

のですが、ここで説明する内容に変わりはありません。宇宙線で作られる通常の陽電子は、10GeV近くからエネルギーが上がるにつれ、実験データと大きく食い違っています。

このデータでダークマターの証拠を見つけたということになるのでしょうか。1TeVのダークマターが存在する時に期待される、陽電子のスペクトルを「ダークマターモデル」という線で示しました。よく合っていますね。しかし、これで、めでたしめでたしといかないのが、観測の難しさなのです。

我が銀河の中には、宇宙線で作られる陽電子の他にも、通常の天体で、陽電子を放出するものがあります。それは、パルサーと呼ばれるもので、回転の速い中性子星です。このパルサーでは、荷電粒子が加速され、エネルギーの高い電子・陽電子が作られ、ジェットとして放出されています。我々の銀河にも多数あると考えられますが、実際にどのくらいの陽電子がそれらのパルサーから放出されているのかは、研究者の間でも議論があり、よくわかっていません。

それでも、モデルによってはうまく陽電子の山が説明できてしまいます。図で「パルサーモデル」と示した線です。ということは、ダークマターの可能性もありますが、通常の天体を考えても測定結果を説明することができてしまうのです。

また、もしこれが1TeVの通常のWIMPダークマターであるとすると、電子・陽電子のレプトン対の放出があるなら、クォーク対、すなわち、陽子・反陽子のペアも、適量作られなくてはなりません。しかし、対応する反陽子は確認されていません。ということで、陽電子は、非常に面白い結果ではありますが、決定的な証拠にはなっていません。

●ガンマ線による観測

ガンマ線は、直進してくるため、発生源の情報を知ることができます。ガンマ線を用いた探索では、以下に説明するように、最近、銀河中心や我々の銀河の近傍にある矮小銀河（Dwarf Galaxy）から何か信号がきているのではないかという話もあります。高感度で精密な観測ができれば、発生源を特定することも可能で、新たな知見がもたらされる可能性もあります。

矮小銀河とは、そのサイズが通常の銀河の100分の1程度以下で、数億程度の星からなっています。我々の銀河の周りには、十数個の矮小銀河が伴銀河としてまとわりついています。理由はまだよくわかっていませんが、矮小銀河には星間物質がほとんどありません。したがって、星形成は活発でなく、構成している星は古い星が多いとされています。このため、通常の銀河と比較して、ダークマターの割合が多いとされています。

ガンマ線の観測は、地球大気での吸収が大きいため、人工衛星に搭載された検出器を使うことが多くなります。2008年に打ち上げられた、ガンマ線観測衛星であるフェルミガンマ線宇宙望遠鏡に搭載されている、LAT（Large AreaTelescope）と呼ばれる検出器が活躍しています。

2015年に新しく発見された矮小銀河で、地球から30キロ・パーセク離れたところにあるレチクル - Ⅱ（Reticulum-II）で、2~10GeVのあたりにガンマ線の過剰が見られるという論文が出ました。ダークマターからではないかという話です。

観測されたガンマ線のエネルギーが広がっているので、この信号は、ダークマターが対消滅して、2本のガンマ線が出たものではないかと考えられました。2本のガンマ線が出る場合には、ガンマ線のエネルギーはダークマターの質量に一致します。

広がったガンマ線がダークマターによるものだとすると、どのように考えればよいのでしょうか。ダークマターが対消滅をして、重いレプトンのペア、τ・$\bar{\tau}$を生成したり、重いクォークのペア、たとえばb・$\bar{b}$を生成したりすると考えると、生成されたτやb‐クォークは、ハドロンを伴って崩壊します。そして、それらのハドロンには中性のπ中間子が含まれており、２本のガンマ線を放出します。このガンマ線のエネルギーは、広がった分布を持ちます。

ガンマ線のエネルギーが最大10GeVくらいまで伸びていること、中間状態として重いレプトンやハドロンが生成されていることなどを考慮して、元になるダークマターの可能な質量が、最大で、数百GeVまでの広い範囲にあるのではないかと推定されました。

この結果に皆色めき立ったのですが、すぐ後に報告されたフェルミLATグループの解析では否定されています。彼らは６年間にわたるデータを使って、15の矮小銀河を観測し、有意な余剰ガンマ線はないと結論づけ、ダークマター対消滅からのτ・$\bar{\tau}$生成やb・$\bar{b}$生成の上限値を出しました。もちろん、レチクル‐Ⅱの観測と矛盾します。

ここで、皆さん、少し変だと思いませんか。レチクル‐ⅡのデータもフェルミLATからで、それを否定したデータもフェルミLATからです。実はLATのデータは、最初の数ヵ月間は、検出器を製作したグループにデータを排他的に利用する権利があるのですが、その期間を過ぎると、誰でも使うことができるのです。最近、よく議論されている、オープンデータというやつです。

実は、後から15の矮小銀河の結果を出したグループが、実際のフェルミＬＡＴグループの人たちで、その前にレチクル‐Ⅱのデータを出したのは、外部の人たちでした。こうした事態をどのように評価すればよいのか、サイエンス以外の要素も絡んだ複雑な問題です。

●銀河中心からのガンマ線

さて、銀河中心（Galactic Center：ＧＣ）は、ダークマターが多く存在しているとされる場所です。銀河中心からのガンマ線探しも活発に行われています。２０１６年には、フェルミＬＡＴのグループも、銀河中心の結果を発表しています。観測に際して重要なのは、バックグラウンドです。銀河中心の周りはとても活発な領域です。多くの高速回転する中性子星、すなわちパルサーなどの点源があり、それらからの貢献を評価して差し引く必要があります。また、通常の宇宙線が星間ガスと反応して作られるガンマ線も大きなバックグラウンドで、それも差し引く必要があります。

フェルミＬＡＴグループは慎重な評価の後、それらのバックグラウンドでは説明できないガンマ線があると主張していますが、バックグラウンドの評価がとても大切であり、現在も多くの不確定性があるとしています。ということで、まだ確実性のある結果とはなりえていないというのが現状です。

●ニュートリノの信号？

間接測定の中で、とてもユニークな探索があります。間接測定といっても、実際は直接測定を行うのと等価であり、その探索での検出対象はニュートリノです。これでは、謎々みたいで何のことを言っているのか、わかりませんね。では、噛み砕いてゆきましょう。

ダークマターは、物質がたくさん集まっているところ、たとえば、太陽など密度の高いところを通過する可能性があります。ダークマターが太陽を通過すると、太陽の物質と弾性散乱をして、ダークマターがエネルギーを失い、速度が遅くなります。その時に、太陽の脱出速度以下になることがあり、そうすると、ダークマターは、太陽に捕獲されます。このようなダークマターが徐々に太陽に蓄積してゆきます。ダークマターが我々の周りにどのくらい存在するかはわかっているので、どのくらいのダークマターが捕獲されてゆくかもわかります。もちろん、捕獲される割合は、ダークマターの質量等に依存します。

そして、時間の経過とともに、ダークマターの蓄積量が太陽中心部で増えていくと、適当なところでダークマター同士の対消滅が起こり始めます。弾性散乱により蓄積されていく割合と、対消滅により消えていく過程は、十分な時間が経つと平衡状態になり、つりあいます。そして一定の割合で、対消滅で生成した粒子が放出されるのです。捕獲が重点的に起きるのは、今の例では密度の高い太陽の中心なので、対消滅で作られる素粒子のうち信号として出てこられるのはニュートリノしかありません。

このニュートリノを検出する割合は、ダークマターの弾性散乱の割合で決まっているのです。すなわち、弾性散乱の割合を測定していることになるのです。ここまで話すと、最初に言った謎々、すなわち、間接測定だけれども、直接測定と等価であるという意味がわかると思います。このニュートリノ観測結果は、他の直接測定の結果と直接比較することができます。直接測定に関しては次の節で説明します。

例として挙げた太陽の他に地球、そして、銀河中心でもこのような捕獲が起こると考えられています。検出する素粒子がニュートリノなので、大きな測定器が必要です。5万トンのニュートリノ検出装置であるスーパーカミオカンデを使うと、1GeV程度のエネルギーの低いニュートリノを捕まえることができ、ダークマターとしても質量の小さなものを探索することになります。

エネルギーの高いニュートリノの検出に特化した、世界最大の測定装置は、アイス・キューブ(IceCUBE)と呼ばれるもので、南極の氷を利用した検出器です。ただし、スーパーカミオカンデと違い光センサーの数が少ないので、数十GeV以上のニュートリノしか捕まえられません。したがって、100GeV以上のダークマターが対象になります。スーパーカミオカンデとIceCUBEは、相補的ですが、残念ながらどちらからも、まだダークマターの兆候は得られていません。

12・3　WIMPの直接測定——ダークマターを実験室で捕まえる

ダークマターは、我々の周りにもたくさん飛び交っているはずです。それなら、重力による観測や、ダークマターの対消滅による信号の他にも、実験室で直接、観測・検出ができるはずです。そうすれば、ダークマターの正体をより直接的に解明できるかもしれません。図12・1の矢印(2)に沿った検出方法です。ダークマターが飛来して、検出器のターゲット物質（通常の物資）にぶつかり、それを蹴り出します。ダークマターと通常の物質が相互作用をすることが仮定されています。

観測するためには、検出にかかるだけの十分なダークマターが、我々の周りを飛び交っている必要があります。ダークマターの密度は、我が銀河の太陽系の位置での回転速度から求められ、その密度からダークマターの数密度は、ダークマターの質量を陽子の100倍だとすると、1㎥あたり3000個となります。そして、この数密度と回転速度、約230㎞／sから、陽子の100倍の質量を持ったダークマターは、毎秒1㎠の面積を約7万個、通過していることになります。

太陽は銀河の回転速度に乗って進んでゆきますが、その進行方向がはくちょう座であることが

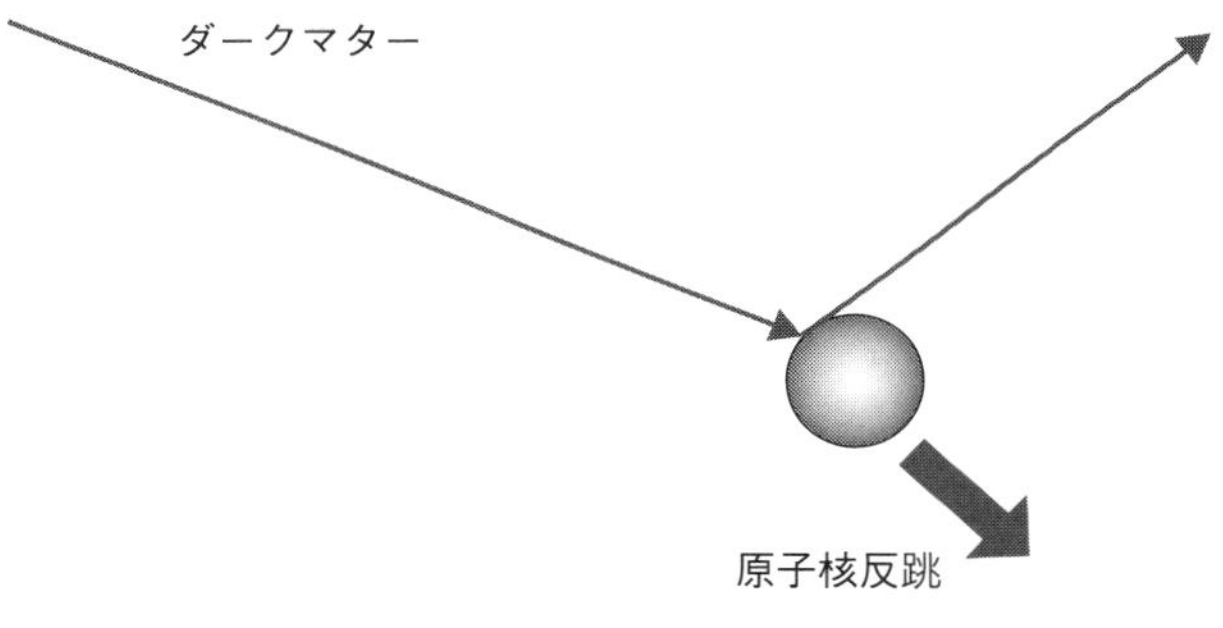

図12.3　弾性散乱では、原子核はばらばらにならずに反跳エネルギーを得て動き出す。

わかっています。これに対して、ダークマターは「銀河に固定された系」から見ると、平均270㎞／sのスピードで自由に飛び交っており、ダークマター全体を平均するとそのスピードはゼロになります。したがって、そのダークマターを「太陽系」から見ると、ダークマターは、あたかも、はくちょう座の方向から「ダークマターの風」のように吹いてきていると言ってもよいでしょう。

●WIMPと物質の反応

我々がダークマターの検出に使う相互作用は、弾性散乱（図12・3）といわれるものです。

ダークマターが検出器の標的物質を壊さずに、そのまま蹴り飛ばす反応です。標的物質とここで言っているものは、標的元素の原子核のことです。そして、蹴り飛ばされた原子核を観測することが、ダークマター

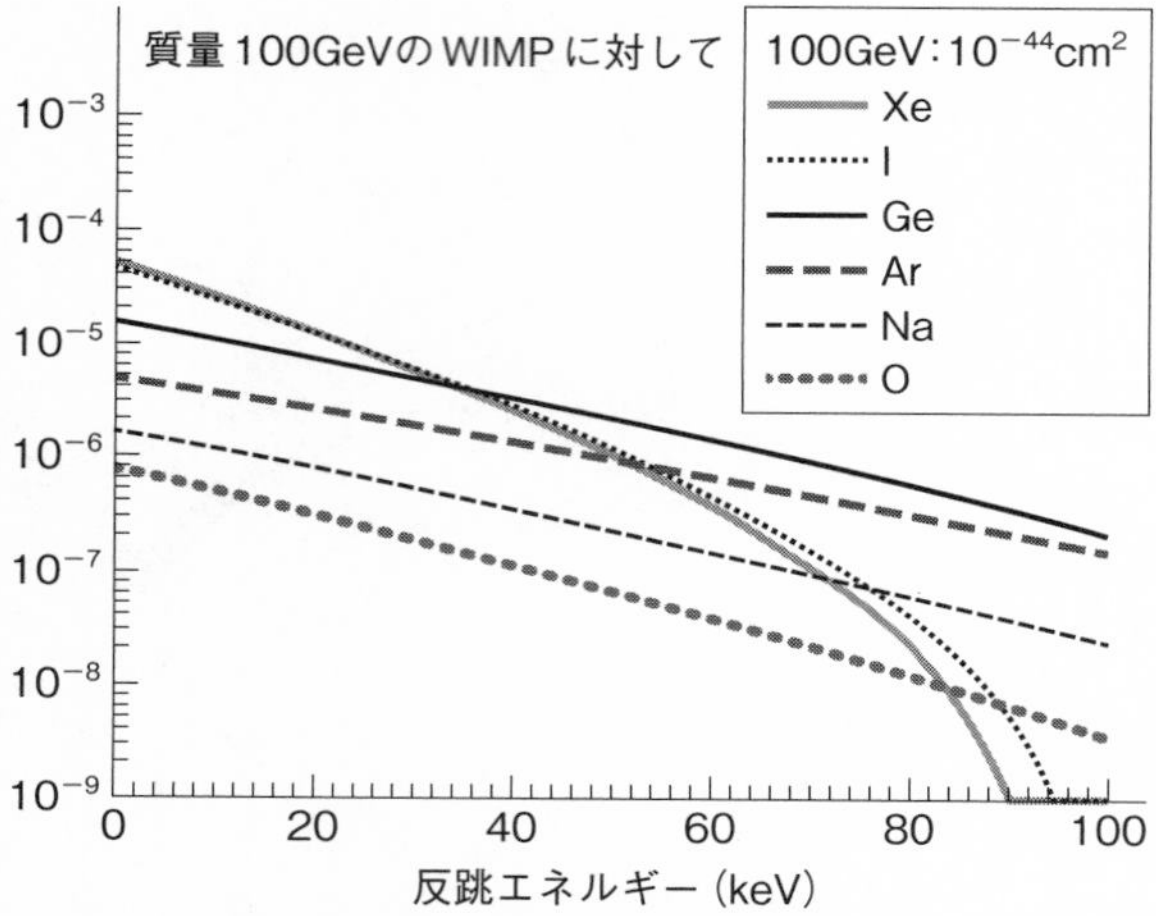

図12.4　100GeVのダークマターの弾性散乱による反跳エネルギー。どの原子核でも、反跳エネルギーが高いものより低いものの方が、より多く作られる。重い原子核、図ではXe（キセノン）やI（ヨウ素）では、反跳エネルギーがソフト（高いエネルギーが相対的に少なくなる）になっている。

の測定になります。

原子核が蹴り飛ばされた時に持っているエネルギー（反跳エネルギーといいます）は、もともと、ダークマターの持っていた運動エネルギーが移動したものです。たとえば、100GeV／c^2の質量（陽子の約100倍）のダークマターの持っている運動エネルギーは約300keVになります。これが、移動できる最大のエネルギーになります。図12・4に、100GeVのダークマターが原子核を蹴り出した時の反跳エネルギーを示します。反跳エネルギーは、多くの場合、数keV程度以下になります。そして、エネルギーが低いものほど、数が多くなるので、検出器のエネルギーしきい値は低い方がよいことを示しています。ダークマターの質量が100GeVよりも小さい場合には、反跳エネルギーはより小さくなります。低いしきい値を持った検出器がますます重要になります。

ちなみに、この数keVというエネルギーは、スーパーカミオカンデという日本のニュートリノ観測装置が検出できるニュートリノのエネルギーである「数MeV」に比べ、約1000分の1小さいエネルギーです。WIMPダークマターの検出が難しいことが、これでもおわかりになると思います。

●反応の起こる頻度

100GeV／c^2のWIMPが、毎秒7×10^4／cm²で検出器に飛び込んでくる時、どのくらいの頻度で反応が起こるのでしょうか。実は、反応の頻度はダークマター探索で得るべき「答え」なのです。ここ数年にわたり探索の感度は大きな進展をしていますが、一向に見つかる気配がありません。反応の頻度の上限はどんどん小さくなっています。

2020年夏の時点で得られている結果は（個々の実験の詳細は少し無視すると）、大雑把に言って1トンの標的を用いて1年測定しても、信号らしきものはないというものです。ない、ゼロ、と言う時には、通常は確率を考えて2～3事象以下という数値が反応の起こる頻度の上限の目安になります。したがって、現在得られている頻度の上限は、1トンの検出器（標的）を1年観測に使って、2〜3事象以下です。次世代の検出器で10倍感度を上げるとすると、約10トンの検出器を使い、バックグラウンドも年間2〜3事象以下にする必要があるでしょう。これはとても粗い説明で、出てくる数値もおおよそです。厳密には、検出効率、検出器の性能、バックグラウンドの見積もりなど、実験の詳細をきっちり考慮したものでないとできません。

季節変動

ダークマターは風のように、はくちょう座の方向からやってくると説明しました。約２３０km／sで太陽は進んでいます。その太陽の周りを地球は約30km／sで1年かけて回転しています。地球の公転面と、太陽系の銀河回転面の角度は図12・5に示すように60度です。したがって、ダークマターと地球の相対速度は、最大で、±15km/sの季節変動をします。6月に＋15km/sで最大、12月に-15km/sで最小の相対速度になります。相対速度が速くなれば、粒子のエネルギーが増えるので、相互作用の割合は増えます。この場合、しきい値などにも依存しますが、10%程度の季節変動が期待されます。この季節変動は、ダークマターの候補が見つかった後に、本当にそれがダークマターであるかどうかの、重要な試金石となります。そのためには、ダークマターの観測数が多く必要ですので、通常は「発見測定器」の後に作られる、さらに大きな「精密測

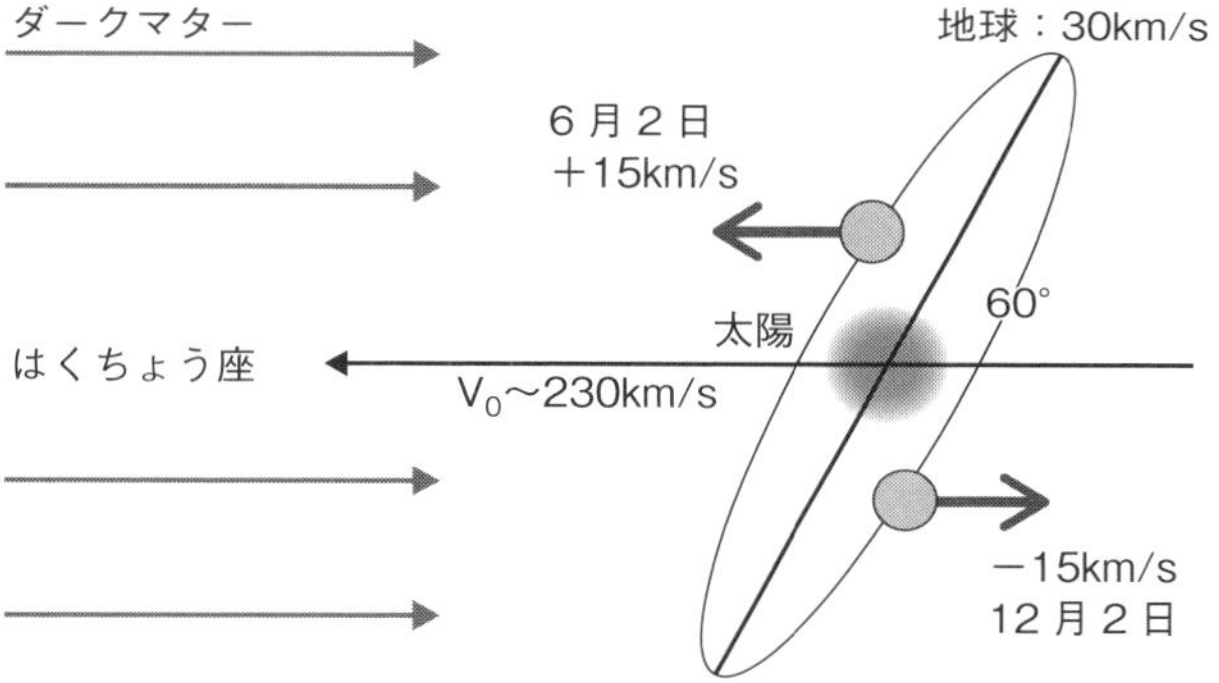

図12.5　地球の公転面と、ダークマターの飛来方向がなす平均的な角度により、ダークマターの観測に季節変動が生じる。

定用検出器」によってなされるものです。

12・4　どうやって検出するのか

検出器の中で、ダークマターの反応はどのように見えるのでしょうか。ダークマターが、検出器の物資（ターゲットの原子核）を蹴り飛ばすところまでは、どの検出器でも共通です。ターゲットが蹴り飛ばされなければ話が始まりません。ダークマターが物質を蹴り飛ばすのは、ボウリングでピンを弾くのと同じです。ただし、ダークマターの場合、ボールは「点」であり、ピンは直径約10^{-23}cm以下の小さな小さなサイズです。

運良く（悪く？）衝突して蹴り出された反跳原子核は、標的物質中を進みながら、周りの原子を動かしたり、電子を励起（電子がエネルギ

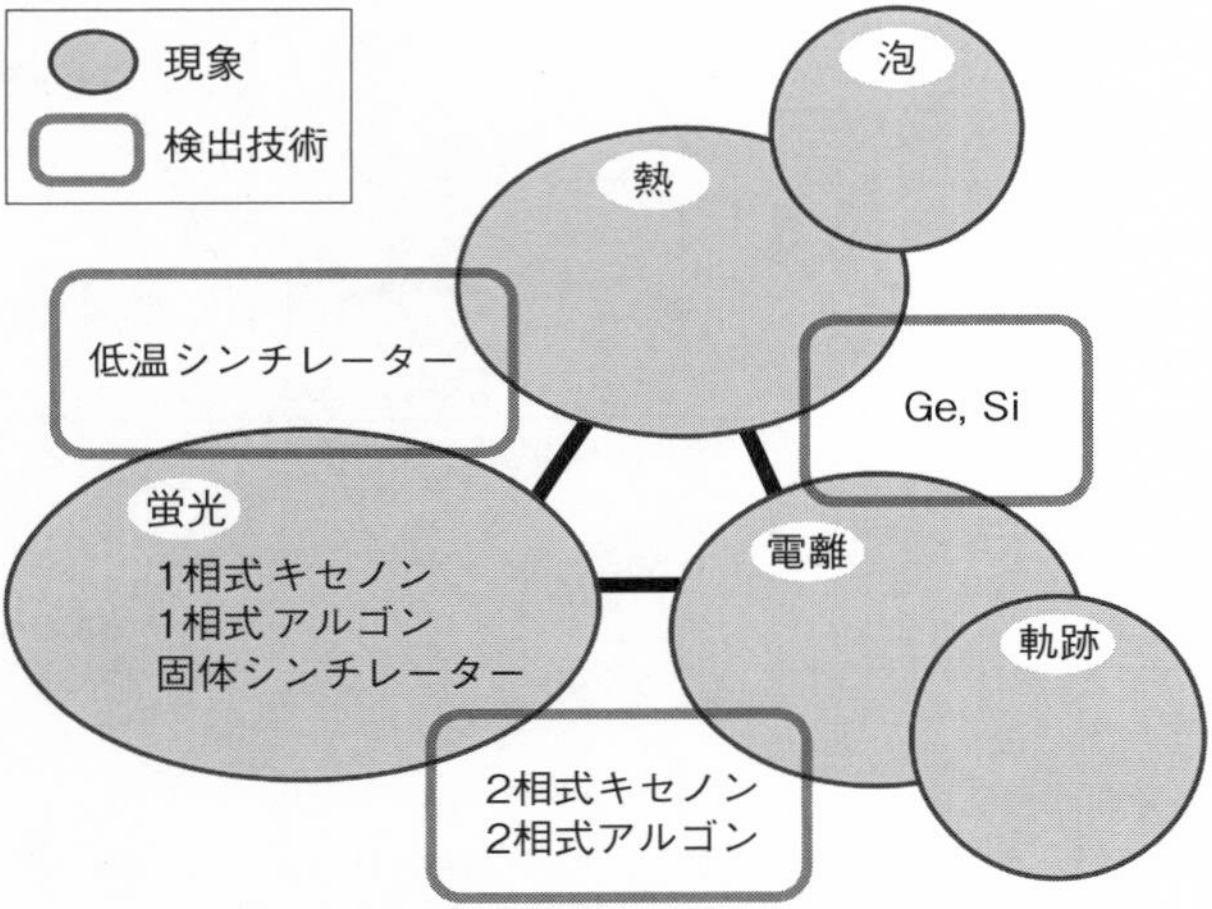

図12.6　ダークマター検出器が利用する現象や検出技術

ーの高い軌道に押し上げられること）したり、イオン化（電離）したりして、自身のエネルギーを失い、止まります。標的物質は、そのため温度が上がったり、励起された原子が光を発したりします。ダークマターの検出というのは、このようにして作られた「電離電子」や「発熱」「シンチレーション光」などを検出することなのです（図12・6）。

シンチレーション光（蛍光）を利用する検出器は、単純な構造が可能なため、広く使われています。ただし標的物質として、蛍光を発するものを選ぶ必要があります。蛍光灯の蛍光と同じ原理ですが、放射線（移動中に周りを電離してゆく粒子）で、蛍光を発するものです。有機シンチレーターというものがあって、プラスティックにしたり液体で作ったりと、とても便利です。広く、素粒子や原子核の実験に用いられています。

しかし、有機シンチレーターは炭素を基盤にしているので、炭素の放射性同位元素である炭素14が必ず含まれています。炭素14は、半減期５７００年で、ベータ崩壊をして電子を放出します。したがって、ダークマター探索実験のように、放射線バックグラウンドを極力なくす必要がある実験には使えません。半減期が５７００年だから稀にしか崩壊しないので、邪魔にならないのではと、思われるかもしれませんが、これが、どのぐらいのバックグラウンド量になるかは、読み進めた先でお話しします。

炭素を含まない発光物質として、希ガスであるアルゴンやキセノンがあります。これらは、冷やすことにより液体の状態で使用することができるので、広く使われています。また固体では、無機シンチレーターであるヨウ化ナトリウムがよく使われます。

電離を利用する検出器にはガスを使ったものがあります。うまくデザインをすると飛跡が検出できるので、方向を測定する検出器としての応用が考えられています。

反跳原子核が止まるまでに失ったエネルギーを熱として観測することもできます。この場合、低温検出器にしなくてはなりませんが、現在ではほぼ確立した実験技術になっています。変わり種としては、反跳粒子の軌跡に沿って発生する熱により液体中で発生する泡を利用した検出器もあります。バックグラウンドをより除去するため、２つの技術を同時に使う検出器も考えられています。また、図12・6のカテゴリーに入らないものもあります。

●共通の問題点——放射線バックグラウンド

ここで直接検出に用いられる検出器の、共通の問題点を述べておきます。これらの話は、実験屋の裏話、苦労話でもあります。これまで、ダークマターの反応は非常に稀にしか起こらないということを説明しました。現在の頻度の上限は1トンの検出器で1年観測を続けて、ダークマターの信号は2~3事象以下と言いました。次世代の検出器は、10トンの検出器を使って、信号に対して10倍の感度を出すには、バックグラウンドを2~3事象以下にする必要があります。このバックグラウンドの目標値は、1トンの検出器で達成できたバックグラウンドレベルの10分の1以下にしなさいということです。

脇道にそれますが、人体に含まれる放射線を見積もってみます。ダークマターの検出器が、いかに「きれい」かが、おわかりになると思います。人の元素組成は、水素が60%、酸素が25%そして炭素が11%と続きます。炭素の中には、先程出てきた放射性同位元素である炭素14が10^{-12}（1兆分の1）含まれます。炭素14は半減期が5・7×10^{3}年です。これらの情報から、少しメタボな体重100kgの人は、毎秒1500回、炭素14が体内で崩壊することがわかります。10トンの「人間」検出器なら、年間約4×10^{12}回検出器内で、炭素14が崩壊します。10トン検出器のバックグラウンドの目標が年間2〜3事象以下なので、次世代の検出器内部の放射線バックグラウンドは、実に「人間」の1兆分の1以下にする必要があるのです。

検出器を製作する時に注意しなくてはならない放射線バックグラウンドは、①宇宙線ミューによるもの、②検出器の外部から入ってくるもの、③検出器の容器や骨組みなど本体部材からくるもの、④そして、検出器の標的物質そのものに含まれているもの、に大別できます。

地表には、宇宙線と呼ばれる高エネルギーの粒子が降り注いでいます。なかでも貫通力の強いミューは、手のひらサイズに毎秒1発くらい、降り注いでいます。このミューが検出器に入ると、通過した道筋の原子をイオン化したり、ときには原子核を破壊して放射線を出したりもします。したがって、ミューは検出器にとって大敵です。検出器を地下1000メートルに持っていくだけで、土がシールドになって、ミューの数は10万分の1に減らせます。多くのダークマター検出器が地下に置かれている理由がわかるでしょう。

検出器の標的部分は、固体にしろ、液体にしろ、気体にしろ、いずれにしても容器を使う必要があります。さらに、それを支える架台が必要で、その他、信号を読み出すための、光のセンサーやワイヤーなど様々なものが使われています。それらの物質の中にも、放射性不純物が含まれています。したがって、検出器に使われる部材から、放射性物質を取り除く努力を精一杯します。

放射性不純物には、ウラン系列やトリウム系列と呼ばれる放射性物質群があります。そのウラン系列／トリウム系列起源の放射性物質は、通常の物質に、1〜10ppm（ppm：100万分の1）程度含まれています。製作する検出器によって要求は違いますが、典型的には、部材に関して通常ppb（10億分の1）あるいはそれ以下にする必要があります。

そのため、放射性不純物の少ない部材を選んだり、部材に使われている材料を精製したり、などの工夫をします。銅はよく容器などに使われるのですが、地表で宇宙線にさらしていると、コバルト60（^{60}Co）ができます。^{60}Coは、放射性物質で半減期が5・3年です。2ヵ月ほど地表でさらすと、数年は^{60}Coからの放射線バックグラウンドのため、使い物になりません。銅を使う時は、電気精錬で銅を精錬した後、精錬所からすぐに地下に保管し、加工の準備ができたら運び出し、加工を素早く行い、終了したらすぐ地下に戻します。ある実験グループでは、自分たちで簡単な工場を地下に作り、銅地金を作っています。

最終的には、ターゲット物質自身をきれいにしなくてはなりません。ウラン／トリウム系列の放射性不純物は、ppt（1兆分の1）近くまで低くする努力もなされています。何をターゲットにするかで、それぞれ対応すべき放射性不純物が違います。たとえば、液体キセノンには、同じ希ガスのクリプトンの放射性同位体であるクリプトン85が含まれており、それらを取り除かなくてはなりません。これは、蒸留あるいは分留することで減らすことができます。

ところで、すべての検出器の最大の敵はラドン（Rn）です。ラドン222は、ラジウムが崩壊してできる原子核（娘核）です。ラドン自身はアルファ線を出して崩壊しますが、その娘核以下が、アルファ線だけでなく、ベータ線、ガンマ線と多様な放射線を出します。最大の敵になる理由は、ラドンが気体だからです。そして半減期が約4日です。とても退治しにくいバックグラウンドなのです。気体は、ちょっとしたすきまからも侵入してきます。また、ゴム系のシール材などは、通過してしまいます。パッキングなどはすべて金属にしなくてはなりません。いかにしてラドンを減らすかが、ダークマターの直接測定を目指す実験を成功に導く一つの大きなカギなのです。

2相式キセノン検出器

以下では、検出器の話を総花的にするのではなく、現在最も感度がよく、世界中で広く運用されている、2相式キセノン検出器を例に、検出器のエッセンスと最近の直接測定の結果を説明します。2相式の「相」は「層」ではなく、液相、気相の2相を使うという意味です。

図12・7に典型的な円筒形の2相式キセノン検出器の断面図を示します。円筒形の検出器で、液相の上に気相があります。まず、液相部分でダークマターの反応を捉えます。ダークマターが、標的物質であるキセノン原子核を蹴り飛ばすと、その原子核が、周りのキセノン原子を励起

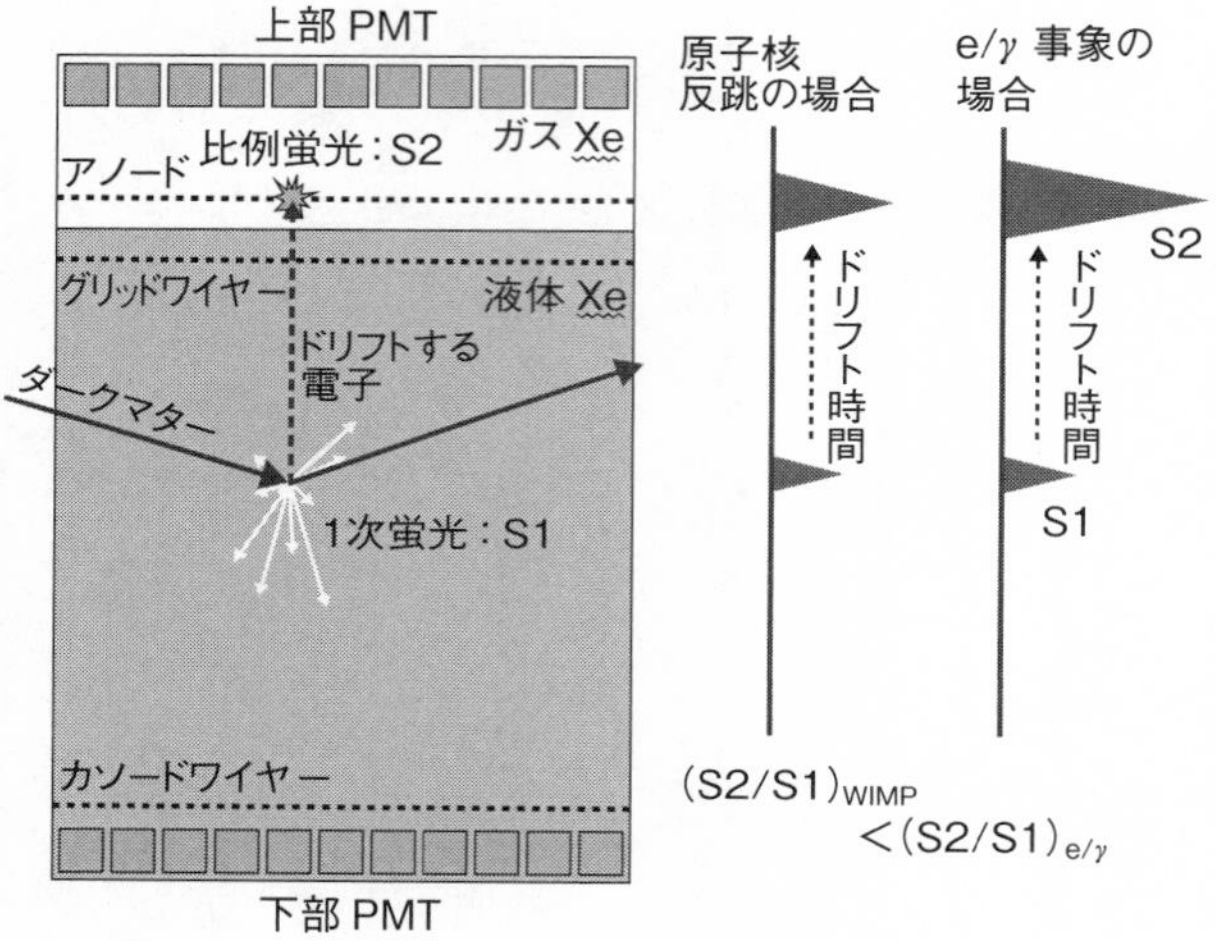

図12.7　２相式キセノン測定装置のイメージ図

したり電離したりしながら移動し、運動エネルギーを失って停止します。

励起したキセノン原子は、しばらくすると元の状態に戻り、この時光を発します。また、プラス電荷を帯びたキセノン原子と電子とが、（少し複雑な過程を経て）再び一緒になります（再結合）。

その再結合の時にも光を出すので、それらの１次蛍光（Ｓ１と称します）を液相の底部と気相の上部に配置した光センサー（光電子増倍管：ＰＭＴ）で検出することができます。これにより、ダークマターの反応が液相で起こった時に、検出することができるのです。

さて、次に電場がある場合を考えます。電離により原子から飛び出したマイナスの電子の一部は、電場があると液相上部の気相内にある陽極（アノード）のワイヤーに向けて、プラスのキセノンイオンの一部は、液相下部にある陰極（カソード）のワイヤーにむけて、移動（ドリフト）を始めます。電場が十分に強いと、プラスのキセノン原子と電子が再結合する前に十分離れてしまい、電子は陽極に向けて移動を続け、再結合はしません。

実際の検出器は、電場の強さを「適切」にとり、電子の「一部」が再結合をして、残りが陽極にドリフトをしていくように設定します。陽極は気相にあるので、かなり絶妙な構造をしています。陽極に向けてドリフトをしている電子は、液面を飛び出し、陽極のアノードワイヤーの周りの強い電場に引き込まれ光を放ちます。電極からの電気的な信号を読み出すのではなく、この比例蛍光（S2と称します）を検出します。

2相式キセノン検出器と粒子識別

2相式キセノン検出器からは、S1とS2という2つの信号が出ます。S1の光の大きさで、反跳原子核の落としたエネルギーを測ります。上下に光センサーが碁盤の目のように配置されているので、S1の光で、反応の起こった場所のうちのX座標とY座標がわかります。電子のドリフト速度はわかっているので、Z座標は、S1とS2の時間差、すなわちドリフト時間から割り出すことができます。これで、反応位置の情報、反跳エネルギーの大きさがわかるのです。

この検出器にはもう一つの特徴があります。原子核の反跳と電子やガンマ線の反応を識別することが可能なのです。ダークマター探索実験で、最終的に残る事象のほとんどが電子やガンマ線の反応です。前項で述べた、ウランやトリウム系列のバックグラウンドは、電子やガンマ線を多く出します。この電子・ガンマ線の反応をいかに減らしてゆけるかが、WIMPダークマター探索には重要になります。

原子核反跳は、電子・ガンマ線と比べて、同じ飛程（飛ぶ距離）に対して、より大きなエネルギーをキセノンに落とします。落とすエネルギーの密度が高いと言ってよいでしょう。したがって、同じ飛程を見ると、より多くの電子・キセノンイオン対ができます。そのため、同じ電場環境のもとでは、原子核反跳の場合、電子やイオンの密度が高いのでより多くが再結合をしてしまい、ドリフトしてゆく電子の割合は少なくなります。したがって、原子核反跳の場合はS1が大きくS2が小さく、電子・ガンマ線の場合はS1が小さくS2が大きいということになります。S2／S1から、原子核反跳と電子・ガンマ線の反応が区別できることになり、識別能力はほぼ1：1000です。

このように、2相式は、WIMPダークマターに対して大きな感度を持ちます。現在WIMPダークマターへの感度の記録保持者はこの検出器です。WIMPダークマターでなく、電子やガンマ線を信号として放出するダークマターの感度には、この識別は役に立たず、別の方法でバックグラウンドを落としてゆく必要があります。

S2／S1の識別を使わずに電子やガンマ線のバックグラウンドを極限まで落としたダークマター検出器に、私が関わっていた単相の液体キセノン検出器、XMASSがあります。単相なので、気相はありません。したがって電子をドリフトさせることはせず、2相式でいうところのS1に相当する、最初の光だけで検出します。検出器は球体で、球の内側全面に光センサーをつけます。

●その他の検出器

単相検出器のポイントは2つあります。1つは、測定原理と構造が簡単なため、大きな検出器が作れます。そこで、キセノン自体が持つ遮蔽力を利用し、外側を遮蔽に供し、内側の限られた領域（有効領域）のみ観測に使います。外から入ってくる電子・ガンマ線は、有効領域に到達するまでに、大きく減衰するので、有効領域内には、電子・ガンマ線のバックグラウンドが少ない環境が作れます。

もともと、XMASSの目的の一つとして、ダークマターの検出以外に、太陽ニュートリノの検出がありました。太陽ニュートリノは、電子を信号として発出します。したがって、有効領域内部で、電子を除去してはならないのです。

もう1つのポイントは、単相検出器は粒子識別が不得意なので、標的物質、この場合キセノンを極力きれいにしなくてはいけません。我々は自前で蒸留装置を開発し、キセノンを純化しました。この装置は、現在、世界中で使われています。

さて、XMASS実験として最初に考えたのは、全体積のうち外から30㎝の層をこのような自己遮蔽に用い、実験に使える有効質量を10トンとり、全質量は20トンを超えるものでした。いきなり大きいものを作るのは難しいので、最初に作ったのは、全質量1トンの測定装置です。これは、太陽ニュートリノ検出には少し小さいので、WIMPダークマターや、電子やガンマ線を信号として発出するダークマターの検出を目指しました。

ダークマターを大型検出器で直接捉えようという議論が活発になってきたのは、2000年の頃でした。それまでは数kgから数十kgの検出器がほとんどで、自己遮蔽を用いるという「贅沢《ぜいたく》な」検出器は考えられていませんでした。当時の検出器感度を100倍以上にする10トン検出器のアイデアを国際会議などで発表した時は、誰も本気ととってはくれなかったのです。

しかし、今や40トンの検出器の計画をヨーロッパの研究者が練っています。20年以上前に10トンスケールのキセノン検出器を最初に私が提案したことが、今、将来につながってゆくアイデアに生きているのを見て嬉しく思います。

また、WIMPダークマター探索では2相式の後塵を拝しましたが、電子・ガンマ線を信号とするダークマター探索では、最初に作った1トン測定器でも、まだまだ、トップランナーの一群にいます。

2相式では、大きくすることにいくつかチャレンジングな問題があります。電子をドリフトさせるためにかける高圧が限界にきている。気相中に張るワイヤーが撓《たわ》んで、一様性がなくなる。液面を水平にするのが難しい等々です。そして、信号としての電子・ガンマ線の検出は得意ではありません。

ダークマター探索の今後の方向性によっては、簡単に大きくでき単純な作りの単相検出器に、再び、注目が集まるかもしれません。勝ち馬に乗ろうとしなくても、人のやらないところに、埋もれた宝物があるものです。

2000年当時、それまでの小規模なダークマターの実験のことを、国際会議などで、私が家内工業だと言って、顰蹙《ひんしゅく》を買ったこともあります。私としては、スーパーカミオカンデという5万トン！のニュートリノ検出器で研究をしていたのでついつい……。それでも、口は災いのもと、実験は生身の人間が行うものなので、あまりズバズバ言うのも、時にはネガティブな響きになってしまいます（後で損をすることもあります！）。

12・5　WIMPの直接探索の結果

そもそもwell-motivatedであったWIMPダークマターの質量範囲である数十GeV以上数TeV以下の重いWIMPに関しては、現在まで全く兆候すらつかめていません。この直接探索に加え、世界最高のエネルギーを作れる、衝突型加速器からもその影すら見えていません。そのため、ダークマターは、WIMPではないか、あるいはWIMPであったとしても質量がより大きいのではないかと考えられ始めました。

加速器でより重いダークマターを作るには、より高いエネルギーの加速器が必要です。また、直接探索実験においても、ダークマターの質量が重くなると、ダークマターの密度はわかっているので、ダークマターの数密度（単位体積あたりの数）が小さくなります。したがって、検出しにくくなります。まだ、探索の余地が残っているということになります。

さて、少し専門的な図になりますが、直接探索の現状を図12・8に示しておきます。横軸はWIMPダークマターの質量を表します。1GeVから10TeVまでの範囲です。縦軸は、散乱断面積、すなわちダークマターの反応の起こりやすさ（反応の頻度）を示します。数字が小さいほど反応が起こりにくいことを示します。面積が小さいほど当たりにくいと思っていただければよいです。確実な証拠は示されていないので、これまでの代表的な実験から決まる相互作用の上限値

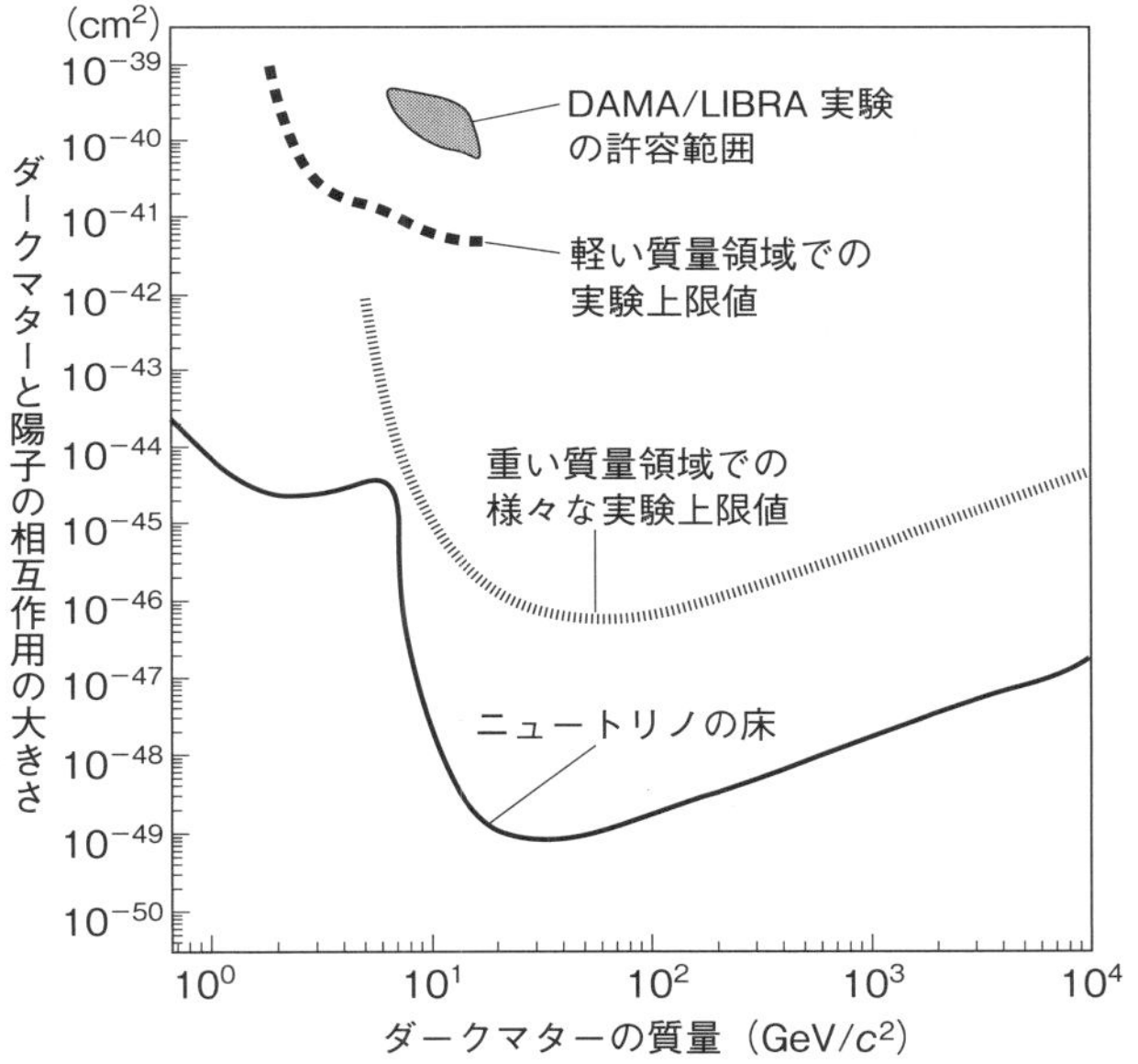

図12.8　ＷＩＭＰダークマターの直接探索の現状

を、重いＷＩＭＰと軽いＷＩＭＰについて、それぞれの探索結果が書いてあります。

大質量の探索には、大量の標的物質が必要になります。トンを超える重量です。また、小質量の探索には、標的物質の量はそれほど必要ではありませんが、最低観測エネルギーが十分に低い検出器が必要です。したがって、それぞれの検出器の特徴が大きく違います。

大質量のＷＩＭＰ探索で、１００ＧeV以上で右肩上がりになり、段々と感度が悪くなるのは、質量が大きくなると〝数密度〟が減少することに対応します。100GeVのWIMPに対して1TeVのWIMPは、数が1/10になりますから、縦軸の「反応の割合に対する感度」が、1/10になります。傾きは、こんな簡単な理由で決まっています。それ以下の質量で感度がずっと悪くなるのは、質量が小さくなると相互作用で検出器に落とすエネルギーが少なくなるので、検出しづらくなるためです。どのあたりから悪くなっていくのかは、検出器の性能によるので、実験ごとに、様々なカーブになります。

また、この軽質量領域の探索では、電子・ガンマ線と核反跳の区別があまり得意でない実験が多くあります。実際、電子・ガンマ線の信号を核反跳であると考え、同じ図にプロットしているものもあります。したがって、この軽質量領域の探索では、通常のWIMPの拡張である場合のみでなく、WIMP以外のダークマターの可能性も大きいのです。さらに、過去20年間、季節変動から肯定的な結果を出し続けている実験（DAMA/LIBRA）もあります。ただ、他のどの実験でもそれを再現することはできず否定的です。そこで、この領域に関しては、軽質量WIMPだけでなく、WIMP以外のいくつかのモデルも含め、少し先で、別項目でカバーすることにします。

――重いWIMP

さて、WIMPダークマターに話を戻しましょう。残念ながら、質量が数十GeVから1〜数T

eV領域のＷＩＭＰは、その徴候すら見つかっていません。驚くことに、探索の感度はこの10年間で４桁（1万倍）ほどよくなっています。凄まじい速度で、探索が続けられた結果です。

初期の頃は様々なタイプの実験がなされましたが、ここ数年、よい結果を出しているのは、２相式のキセノン検出器です。世界で1トンクラスの検出器が「３台も」稼働しています。イタリアのグランサッソ国立研究所という地下研究所のXENON1T、アメリカのLUXそして、中国の地下実験施設（CJPL）のPandaX-IIです。

現在の最良の結果は、相互作用の上限として、１００ＧeVのダークマター質量に対して、散乱断面積（図12・８の縦軸）は10^{-46}㎠以下である、という結果が得られています。前述のように、質量が10倍大きくなると、感度は10倍悪くなります。10ＴeVのＷＩＭＰダークマターに関しては、10^{-44}㎠以下となります。平均エネルギー10ＭeVの太陽ニュートリノの散乱断面積は、約10^{-42}㎠ですから、ダークマターの反応は、現在わかっている範囲でも、太陽ニュートリノの２桁以上小さい（起こりにくい）ことになります。

３台が活躍中のキセノン検出器ですが、いずれも、数トンクラスの次期検出器を建設中であり、２０２０年から２０２１年にかけて、最初の結果が発表されるのではないかと期待されています。これまでより、１桁感度が上がる予定です。どこまで攻めればよいのかわかりませんが、検出の一つの目安が、図12・８の中で「ニュートリノの床」と書かれた実線の下の領域です。

「床」ということで、底が見える、これより先に行けない、というようなイメージです。「ニュートリノフロア」ともいわれています。

●ニュートリノの床

何が「ニュートリノの床」を作り出しているのでしょうか。WIMPダークマターの検出器は、標的物質の原子核がはね飛ばされるのを観測します。ダークマターではなく、ニュートリノがターゲット物質と反応すると、たとえば太陽ニュートリノの場合は、電子を蹴り出したりもするので、原子核反跳とは識別が可能です。太陽ニュートリノ以外のニュートリノの反応も、主なものは電荷を持ったレプトンを発生させます。したがって、ニュートリノの反応とダークマターの反応は、多くの場合、区別がつくのです。

しかし、ニュートリノの反応の中には稀に原子核をはね飛ばす反応を起こすものがあります。これをコヒーレントニュートリノ散乱といって、ダークマターが起こす原子核反跳と区別がつきません。ニュートリノがターゲット物質と衝突した時に、原子核をそのまま壊さずに、エネルギーを受け渡すのです。ニュートリノの方も荷電レプトンを発生させずに、ニュートリノのまま飛び去ってしまうのです。もちろん、コヒーレントニュートリノ散乱が起こる確率はとても低いのですが、ダークマターの方がこれだけ見つからないと、コヒーレント反応がバックグラウンド、しかも除去できないバックグラウンドとして、無視できなくなります。

現在の感度が、あと2桁上がると、ニュートリノの床が見え始めます。ダークマターの質量が数十GeV以上の領域では大気ニュートリノが、また低質量のところでは太陽ニュートリノのコヒーレント散乱が、ニュートリノの床を作ります。

現在建設中の次期検出器の、そのまた次の検出器は、このニュートリノの床まで観測できるようデザインをしていますが、そこでダークマター探索は一区切りを迎えるかもしれません。もちろん、ニュートリノの床に達するまでには、通常の放射線バックグラウンドなどもとことん減らす必要があり、多くの問題を解決する必要があるでしょう。うまく見つけられればよいのですが、見つからない場合、その先へゆくには新たな工夫が必要になります。

●ニュートリノの床を越えて

直球勝負をするには2つの方法があります。1つは季節変動を見ることです。太陽ニュートリノは、地球が太陽の周りを楕円軌道を描いて動いているため、年7％の流量の変動があります。12月に最も太陽に接近するので、流量は最大になります。最小は6月です。ダークマターの場合は、第12・3節で説明したように6月に最大になり12月に最小となります。季節変動を測れば、太陽ニュートリノかダークマターか区別がつくようになります。また、大気ニュートリノは、太陽黒点数、すなわち、太陽の活動によって影響をこうむりますが、季節変動はありません。

第2の方法は、ダークマターの飛来方向を観測する方法です。実際は、ダークマターによって蹴り出された、原子核の反跳方向を見て行います。これも難しい実験で、検出器内部で原子核の飛跡を捉える必要があります。そのためには、標的をガスにするか、あるいは原子核乾板のようなものを使うか、検出器の選択に大きな制約がかかります。

いずれにしろ、ニュートリノの床あたりで、季節変動や方向を見るには大量のデータが必要で、検出器自体も大質量になる必要があります。ニュートリノの床までダークマターが見つからない場合、そしてWIMPダークマターの探索をさらに続けたい場合には、全く新しい検出原理、検出器が必要になるのではないでしょうか。今後、新しいアイデアを持った若い人たちが大いに活躍できる場でもあるかもしれません。

ということで、現在まで、数十GeV以上の質量を持つWIMPダークマターは、直接探索実験では、まだ影すらつかめていません。現在、建設中の次世代検出器、そしてその次と、探索は継続していきますが、あと2~3桁感度を高めた後には、ニュートリノの床という、なかなか越えられない（穴をあけられない）床があります。もしWIMPダークマターがそれよりも小さな散乱断面積を持つなら、新たなアイデアが必要になります。

12・6　軽いWIMP――非対称ダークマター

アクシオンの拡張版であるアクシオン様の粒子（ALP：Axion Like Particles）、そして、ニュートリノの拡張版であるステライルニュートリノ……。このように各種拡張版が新しいダークマターの候補として、ここ数年あがってきました。ここで話すのはその第一号であるWIMPの拡張版です。WIMPは数十GeV以上数TeVの範囲の質量を持つと考えられますが、弱い相互作用という制限をゆるめると、違ったモデルを考えることができます。「WIMPの奇跡」を必然ではなく偶然と思えば、それに固執する必要はなく、質量の小さいWIMPというものも考えられます。

通常の物質とダークマターを少し比較してみたいと思います。通常の物質は、ほとんどがバリオンで、宇宙の物質・エネルギーの5％しか占めていません。かたやダークマターは、正体不明ですが、物質・エネルギーの27％を占めています。ダークマターは、現在の素粒子の標準理論の枠組みでは説明できず、標準理論を超えた物理モデルの中で説明できるものであると多くの人は考えています。

戻ってバリオンは、標準理論の枠内ですが、もう少し注意深く見るとどうも怪しくなります。実は、宇宙の初期には、バリオンあるいはその構成子であるクォークは、反粒子とのペアで生まれる必要があります。通常の標準理論の枠内では、そのペアは、宇宙が膨張してゆくにつれ消滅してしまいます。万が一消滅を免れたペアがあるとすれば、宇宙にはバリオンと反バリオンが同数なければいけません。困りました。

今までのところ、宇宙に我々が観測するバリオンに匹敵するような反バリオンが存在する証拠はありません。反物質でできた宇宙は見つかっていません。ということで、バリオンの存在（反バリオンの非存在）は、標準理論の枠を超えた説明が必要になります。

● 物質の生成

宇宙の初期に、クォークと反クォークが同数作られることは動かしようのないこととして、その後にバリオンだけが宇宙に存在するようになるメカニズムを「バリオン数生成」といいます。あるいは、即物的に物質の起源といってもよいでしょう。「バリオン数生成」が起こるには、「サハロフの3原則」を満たす必要があります。

まず、バリオン数（クォーク数）を破る反応があることが必要です。バリオン数を生成するためには、バリオン数を変化させなくてはなりません。これは、たとえば、かつての大統一理論（第4-4節参照）を例として考えればよいでしょう。標準理論では、クォークとレプトンはそれぞれが独立で、クォークがレプトンに、レプトンがクォークに変化することはありませんでした。しかし、大統一理論では、クォークとレプトンを同列に扱いますので、クォークとレプトンがお互い入れ替わることができます。陽子崩壊とは、まさにクォークがレプトンに変わる反応により起こされるものなのです。陽子崩壊では、バリオン数は破れています（注：大統一理論はバリオン数生成を説明する可能性のある最初の理論でしたが、いくつかの困難が見つかり、今では他の考え方が必要であるとされています）。

第2の原則は、CP保存が破れていることです（CP非保存）。CP非保存などというと、わかりにくいのですが、これは物質と反物質で若干反応の頻度が違うということです。通常はCP保存が成り立っていて、物質と反物質の反応は同じです。これは、バリオン数を破る反応に限ることではなく、一般的な話です。しかし、我々の場合は、バリオン数を破る反応が物質と反物質で違うということが必要です。

最後の原則3は宇宙の発展が熱平衡状態からずれている必要があるということです。熱平衡では、温度が決まれば同じ質量の粒子は同数存在します。粒子と反粒子は同じ質量を持ちますので、同数存在してバリオン数の破れは起きなくなります。したがって、平衡状態からずれている必要があります。実際には、平衡からずれた状態でバリオン数非保存の反応が起こり、CP非保存であるため、物質と反物質の数に違いが生じます。その違いはわずかに100億分の1です。物質と反物質は対消滅をしますが、100億分の1の物質が残ります。これが物質の起源となります。

「バリオン数生成」は、まだきっちりと説明できる理論がない状態ですが、少なくとも、原則1、2を満たすためには、標準理論を超えた理論の枠組みが必要になります。

バリオンと比べると、ダークマターはその存在自体が標準理論をはみ出しています。その生成は、通常の考え方ではバリオン数生成とは異なり、第4章で説明したように、宇宙の温度が下がるにつれ、対消滅が進みます。そして、宇宙膨張により、さらにダークマターのペアが遭遇する機会が減少し、対消滅が困難になった時にダークマターは自由になり、その時の数密度が凍結され現在に至っています。

生成に対する考え方は、通常の物質とダークマターとでは、それぞれ違いますが、結局、どちらも、標準理論では説明できないシナリオが必要ということになります。

●非対称性から物質とダークマターを作る

一見、バリオン生成とダークマターの生成は無関係なように見えますが、それならどうしてバリオンとダークマターが宇宙の物質・エネルギーに対して、5%、27%と「ほぼ同程度」の貢献があるのか、という疑問が生じます。実際は5倍程違いますがオーダーは同じです。これをヒントと捉え、バリオンとダークマターは同じような生成機構で生じ、つまり同じような起源を持っているのではないかと考えることもできます。

そのように考えると、アクシオンが強い相互作用のCP保存の問題とダークマターの存在を一気に解決するように、新しい理論の枠組みで、一気にダークマターと物質の起源の問題を解決しようとする試みなのです。

バリオンの密度は、非対称性から決まっているので、ダークマターも同じような機構から非対称性を元に決まっているのではないか、という考えが、ここでとりあげる非対称ダークマター（ADM：Asymmetric DarkMatter）の考え方です。

一つの例として、ダークマターにバリオンと同じ量子数を与えます。いうなればバリオン数を持ったダークマターです。バリオンとダークマターには弱い相互作用があり、お互いの非対称性を共有するとします。そのようにすると、対消滅の過程で、非対称性分のダークマターとバリオンが残ることになります。ADMの多くのモデルは、さらに、バリオンとダークマターが同じような数密度を持つと考えます。そうすると物質密度を反映して、バリオンが1GeV（陽子）に対して、ダークマターは5GeV程度になるのです。非対称ダークマターも小さい質量のWIMPと考えてよいでしょう。

もともと、このダークマターのアイデアは、数GeVぐらいのところに、信号があるのではないかという実験結果が出てきた時に、説明するのに適した理論、しかもバリオン数生成に結びつく、一種の魅力的な理論として注目を浴びたものです。実験の結果は、その後のより高感度な複数の実験で追認されていません。ただし、非対称ダークマターとして期待される領域をすべて探索したわけではなく、現在もその痕跡を求めて、様々な探索が行われています。今後の展開に期待がかかります。

12・7 ダークマターの季節変動が見つかった？

DAMAという実験が1996年頃から始まりました。前述のイタリアのグランサッソ地下研究所に、その検出器があります。発光体としてヨウ化ナトリウムの無機結晶を用いています。結晶の両端に、低放射線バックグラウンドにした光センサーが取り付けてあり、結晶中で起こったダークマターの反応からの光を観測します。

バックグラウンドを積極的に落とす仕組みがないので、バックグラウンドのレベルは高いし、しかも原子核反跳と、電子やガンマ線との区別はできません。最初の7年間は、総量100kgの結晶を使っていました。DAMA実験は当初から2〜6keVのエネルギー領域で、データが季節変動を示しているという示唆を出し続けています。周期は6月が高く12月が低くなるという、ダークマターに期待される季節変動に一致していました。

この実験に関しては、最初の頃、結晶のバックグラウンドレベルや低バックグラウンド光センサーなどの情報開示が十分でなかったので、かなり厳しい目が向けられました。しかし、実験グループも徐々に様々な実験上の問題点、たとえば温度変化の実験結果への影響、バックグラウンドであるラドン放射線の時間変化、ノイズ、エネルギーのスケール、選択効率、宇宙線のフラックスの変化などに関して精査を行いました。そして、それらが原因ではない、信号と誤認するような効果はないと主張しています。

しかし、DAMAの結果を、核反跳を仮定した信号と解釈すると、他の多くの実験と矛盾してしまいます。また、XMASS実験は季節変動を直接検証して、DAMAの季節変動を否定しています。したがってDAMAの「信号」が、ダークマターが蹴り出す原子核反跳であるとは考えられなくなっており、現在では核反跳にこだわらず、もっと広い範囲の可能性を考えるようになっています。

ただし、DAMAが用いている、ヨウ化ナトリウムの結晶を用いた他の実験では、まだ追試・検証がなされておらず、世界各地で、直接ヨウ化ナトリウムを用いた実験が、実施、計画、準備されています。

DAMA自体は、2003年に100kgから250kgに増強し、さらに6年、データを収集しました。その後、コラボレーションをDAMA／LIBRA実験に拡張変更し、検出器に改善や増強をして、最近まで運用しています。かれこれ、35年続いている実験です。2018年に最近の結果を出しましたが、季節変動はますますはっきりして、統計学的にも、データの季節変動自体を否定することはできません。さて、この正体は一体なんなのでしょうか。我々の想像もつかないダークマターである可能性も捨てきれません。謎は残ります。

12・8　ダークマターアクシオン

次に、2番めの“well-motivated”な候補としてのアクシオン探索の話をしましょう。WIMPの次のダークマターの有力候補は、アクシオン（Axion）と呼ばれる素粒子です。素粒子物理学の歴史において、保存則を守るために新しい粒子を導入したことがありました。たとえば「ニュートリノ」は、原子核のベータ崩壊の「エネルギー保存の危機」を救うために、1930年にパウリにより導入されたものです。

原子核のベータ崩壊とは、たとえばトリチウム（陽子1個と中性子2個でできている）がヘリウム3（陽子2個と中性子1個）と電子に崩壊するような現象です。これは2体への崩壊ですので、電子の持つエネルギーはいつも一定のはずです。

しかし、実際に測ってみると、電子が持つエネルギーは同じではなく、連続分布をしていました。連続分布をするには、エネルギーがどこかへ消えてなくなる必要があります。すなわち、エネルギーの保存則が破れることになります。

そこで、パウリは2体崩壊ではなく、中性で微小な質量を持つニュートリノが一緒に作られる3体崩壊であるとしました。こうすることで、ニュートリノがエネルギーを持ち去り、エネルギー保存の破れを回避することができたのです。実際、仮説だったニュートリノは１９５４年にライネスたちにより実験的に確認されています。

さて、アクシオンは、強い相互作用の「ＣＰ非保存」問題に関して登場します。素粒子の強い相互作用には「ＣＰを保存しない相互作用」が内在しています。しかし、これまで強い相互作用では「ＣＰを保存しない相互作用」は見つかっておらず、「ＣＰが保存されている」というように見えています。

さて、先程も出てきましたが、ＣＰとはなんぞやという話を、もう一度切り口を少し変えて話します。Ｃは荷電共役と呼ばれ、粒子を反粒子に変える操作です。電荷を持った粒子は、文字通り、プラス・マイナスがひっくり返ります。しかし、電荷のない中性の粒子も粒子・反粒子交換が行えます。たとえば、ニュートリノは反ニュートリノになります。Ｐはパリティ変換で、空間反転を行う操作です。これは、左巻きの粒子を右巻きに変えることに相当します。

ＣＰはこの２つの操作をしたものです。だから、それはなんなんや、という声が聞こえてきそうですが……。ＣＰ変換というのは、粒子と反粒子を、左巻きと右巻きを含めて、入れ替えることです。たとえば、ニュートリノを例にとると、ニュートリノの反応などでＣＰが保存されるというのは、左巻きニュートリノと右巻き反ニュートリノの反応が全く同じになることです（実際、ニュートリノ振動では、ＣＰが保存されていないのではないか、というのが今、ホットな研究テーマです）。

さらにじっくり考えるのもよいですが、ＣＰを少し別の見方で見てみましょう。ＣＰＴ定理というのが素粒子の世界にはあります。これは、ＣＰＴと３つの変換をしたらどんな系でも、元に戻るというものです。ＣＰＴ変換をしてもいつも不変です。ここでＴというのは時間反転を表します。ＣＰＴ定理を信じるならば、ＣＰ非保存というのはＴ非保存となります。時間反転しても、元には戻らないということです。通常、物理法則は時間反転に関して不変になっていますが、ＣＰ非保存というのは、時間反転が破れていることを考えなくてはならないということになります。

強い相互作用で「Ｔを保存しない相互作用」を見つける方法として、電気双極子モーメントの測定があります。Ｔが保存されている場合、電気双極子モーメントは０になります。破れていれば有限の値を持ちます。

実際の測定では、Ｔが破れている時の予想よりも10桁小さい値で、電気双極子モーメントは０と矛盾ありませんでした。あるはずのＴの破れ（ＣＰの破れ）は観測できず、強い相互作用では、ＣＰは保存されていると考えられます。

この矛盾を避けるためには、理論を修正して、ＣＰ非保存が起きないようにするという方法があります。そうした工夫を行った、ＣＰを保存する新たな理論で、アクシオンという新しい素粒子の存在が予言されるのです。まさに、ニュートリノがエネルギー保存則を守るために導入されたように、アクシオンはＣＰ保存の破れを回避するために導入された粒子なのです。

ニュートリノは、理論的に導入されてから、発見までは約25年かかっています。アクシオンは、ペチャイとクイン（Roberto Daniele Peccei, Helen Rhoda Quinn）によって１９７７年に導入されてから、40年以上も発見されていません。もっともアクシオンという名前は、ペチャイとクインではなく、１９７８年にワインバーグとウィルチェック（Frank Wilczek）により、名付けられました。以前は、ペチャイ－クインのアクシオン以外に、強い相互作用のＣＰ問題を解決できる理論はありませんでしたが、最近では、様々な工夫がなされているようです。しかし、シンプルさを見る限り、ペチャイ－クインのアクシオンが今でも、最も美しい理論です。

アクシオンの性質

アクシオンの質量、寿命などに関する、理論の「要請」を説明します。どうしてかということを説明するには、たくさんのページが必要になってしまいますので、ここでは、こういうものだと思ってお読みください。アクシオンの質量は、理論の中では決まっていません、自由です。しかし、アクシオンの質量と、アクシオンが電子やクォーク、ガンマ線などと相互作用をする時の力の強さは、比例します。すなわち、アクシオンの質量が大きければ力も強くなり、アクシオンの効果が見やすくなります。質量が小さければ、見つけにくくなるでしょう。

そして、アクシオンの質量と「アクシオン理論のエネルギースケール（以後、エネルギースケール）」が反比例することが理論上必要になります。この「エネルギースケール」というのは次のように考えてください。

たとえば宇宙開闢後に、宇宙の温度が下がってきた時、ちょうどこの「エネルギースケール」に対応する温度のあたりでアクシオンが生成される機構が働き始めます。具体的に、どのくらいのエネルギースケールに対して、どのくらいの質量が対応しているのかというと、エネルギースケールが約10^{12}ＧeVの時に、アクシオンの質量が約６μeVという関係が要求されています。反比例ですから、３桁ずらしてエネルギースケールを10^{9}ＧeVだとすれば、アクシオンの質量は６ｍeVとなります。

アクシオンの寿命も（力の強さに関連していますので）「エネルギースケール」に比例します。スケールが大きいと力が小さくなり寿命が長くなります。この理論にはいくつかの派生モデルがあり、前述の関係は、数値的に正確に一対一できっちり決まったものではなく、モデルの違いによって、数十％の広がりはあると考えてください。

――弱い相互作用をするアクシオン

実は、このアクシオンのアイデアの出始めの頃は、アクシオンのエネルギースケールは「弱い相互作用」程度と考えられました。弱い相互作用のエネルギースケールは、２００GeVくらいですので、前で述べた関係から、質量は数十keV程度になります。アクシオンが電子・陽電子やガンマ線、クォークと相互作用することや、性質が、中性のπ^0中間子と似ていることで、それなら「実験室」で観測ができるのではないかと、いくつかの実験が考案・実行されました。その一つが俗にビームダンプ実験といわれるものです。

高エネルギーの陽子ビームをコンクリートの塊にぶち当てます。陽子を直接物質の塊にぶつけると、ビームの持つエネルギーを、様々な素粒子（ハドロン）の効率よい生成のために使うことができます。何が作られるかわからないけれど、エネルギー的に許されるものはすべて作られるのです。したがって、π^0中間子と似たような性質を持ったアクシオンも作られると考えられます。

ビームダンプは通常数m以上の長さがあり、生成された粒子の中で電荷を持つものは、ビームダンプ内で吸収され、外には出てきません。小さい質量のアクシオンは、寿命が長くなるので、ビームダンプを通り抜けて外に出てきます。それらのアクシオンから特有の信号が取り出せる可能性があります。しかし、質量がもっと小さくなると、ビームダンプを出た後、どこまでも飛んでいってしまうので、信号は取り出せなくなります。

残念ながら、この方法でもアクシオンは見つからず、他の実験結果とあわせて、アクシオンの質量は50 keV以下であることが明らかになりました。これで「弱い相互作用」のエネルギースケールのアクシオンは、解として排除されてしまいました。

アクシオンと星の進化

さらなる低質量領域への探索は、星の進化を考察することで行われました。星の中心部は、その温度に対応したガンマ線や電子で満ちていると考えてください。そのような星の中で、$\gamma+e\rightarrow a+e$や、$e+N\rightarrow N+e+a$などの反応が起こり、アクシオンが大量に作られている可能性があります。Nは星の中にある原子核で、aはアクシオンです。

通常、星などの密度の高い物質は、光（ガンマ線）に対して、電磁相互作用により、不透明になります。たとえば、太陽中では、光が進める距離は1㎝ほどです。すなわち、星の中心部で発生したガンマ線は、物質と反応しながらエネルギーを失い、拡散しながら表面に伝わり放出されるのです。生成から放出まで、およそ10^6年かかります。

ここに、アクシオンがあると、様子は一変します。アクシオンは一度できると、なかなか星の物質と反応を起こさないので、効率よく星のエネルギーを運び去ることができてしまいます。これを、アクシオンによる冷却といいます。結果として、星は、余分に失うエネルギーを補うように、核融合反応が活発になります。すなわち燃料をたくさん使うことになり、進化が早まり、星の寿命が縮まることになります。

━━見えないアクシオン

アクシオンの質量に感度の最もよい観測は、超新星SN1987Aの観測です。人類が最初に超新星からのニュートリノを観測したのが、このSN1987Aです。爆発が観測されたのは1987年2月23日でした。カミオカンデで11事象、IMB（アメリカにあった陽子崩壊・ニュートリノ観測装置）で8事象のニュートリノが観測されました。

超新星SN1987Aの観測データを使って、ニュートリノの研究やアクシオンの研究だけでなく、右巻きニュートリノやフォティーノと呼ばれる超対称性粒子などの研究もなされています。ＳＮ１９８７Ａの元の星（progenitor）は、青色巨星でSanduleak-69 202という名前がついています。星の爆発前の質量は、太陽質量の15倍程度と見積もられています。星のエネルギー源である核融合反応が、シリコン燃焼段階になり鉄を作り始めた時が終わりの始まりになります。鉄は核融合反応をしないので、そのまま、灰として星の中心部にたまり続けます。核融合のエネルギーが、それまで内部から星が潰れないように支えていましたが、そのエネルギーがなくなり、星は潰れます。星が潰れる時に出す膨大なエネルギーのほとんどすべてを、ニュートリノが持ち去ります。

アクシオンがあるとエネルギーを持ち去ってしまうので、コアの冷却を早めることになり、その結果ニュートリノバーストの長さが短くなるということが起こります。しかし、ＳＮ１９８７Ａのニュートリノバーストの観測結果は、アクシオンがない時と矛盾はありませんでした。このことから、アクシオンの質量は10^{-3}eV／c^2以上ではないということがわかりました。これが、星の進化の議論から求められた、一番強いアクシオン質量の上限です。

現在、アクシオンの質量範囲は、１μeV～ｍeVに可能性が限定されています。非常に軽いものであると考えられています。質量が小さい時は、反応が弱いので、見えないアクシオン（Invisible Axion）と呼ばれています。宇宙初期にアクシオンは、多く生成され、今の許される質量範囲で、ダークマターの候補となる必要な質量密度を満たしています。

これらの見えないアクシオンを見るための工夫が1983年にシキビー（Pierre Sikivie）により議論されました。アクシオンは2つの光子と結びつきます。アクシオンが変動磁場をかけたマイクロウエーブの空洞を通過すると、マイクロ波に変換されます。こうした実験は最近、大きな進展を見せていますが、残念ながらまだ、見つかるには至っていません。

ＷＩＭＰがなかなか見つからないので、最近では、アクシオンに期待を託す人が多くなってきました。アクシオンは、現在観測されているダークマターの量を矛盾なく説明することもできます。今や、ダークマターの最有力候補の一つになっています。

第13章　ダークマターのダークホース？

ＷＩＭＰとアクシオンがダークマター候補の両横綱でしたが、どちらも、その確定的な徴候は出てきていません。最近は、ありとあらゆる候補があがってきている戦国時代です。いかに「新しいアイデア」を検証するのか、もしかしたら、まだ、誰も考えつかないものかもしれません。未だ見えないダークホースをどうやって「発見」するのでしょうか。

13・1 ALP——アクシオン様粒子

アクシオン様粒子（ALP：Axion Like Particles）は、文字通りアクシオンもどきの粒子のことです。アクシオンは、他の物質との相互作用の大きさが、アクシオンの質量に比例し、その比例関係が一定の条件を満たす必要がありました。アクシオン様粒子は、その質量と相互作用の大きさの関係に何も制限がかからず、自由に選ぶことができます。すなわちアクシオンを拡張したものです。アクシオン様粒子という日本語訳ではかえって混乱を招くため、ここでは、専門用語になってしまいますが、広く使われている「ALP」という略称を使います。

どこにダークマターがあるかわからなくなってきた状況に対応して、アクシオンにかかるパラメーター制限をゆるめて、広く探索をしようというのが、ALPです。いわゆるダークマターではないものも含まれますが、見つかればダークマターに対するヒントになるばかりでなく、アクシオンと密接に関係している強い相互作用のCP問題の解決の糸口にもなるでしょう（前章参照）。

代表的なALPは、太陽で作られるアクシオンです。その他、様々なALPのモデルやその探索方法が提案されています。少し変わったところでは、「壁の通り抜け実験」というのもあります。それらを含めた現状を、お伝えしたいと思います。

●太陽アクシオン

太陽の中心部では、様々な相互作用により、アクシオンが生成されると期待されています。太陽の中心部の平均温度は、およそ1600万度です。太陽中心部で熱的平衡状態になっていて、質量にして約4keV程度のアクシオンが、熱的光子から作られています。

ダークマターアクシオンよりもエネルギーが高く、信号もkeV領域であり、検出はしやすくなります。アクシオンの結合の強さを標準的なものとすると、地表での太陽アクシオンの流量は、毎秒1㎠あたり約4000億個です。

検出方法にはいくつかのやり方がありますが、その一つはダークマターアクシオンのように、電場と変動磁場を利用するものです。アクシオンの、光子（この場合はkeV領域のX線）への変換を誘発する実験です。CAST（CERN Axion Solar Telescope）と呼ばれる実験は、長さ9.6mの超電導電磁石を、望遠鏡として太陽の方に向けます。太陽と反対側に、X線検出器が設置してあります。望遠鏡の稼働域が狭いので、毎日、日の出と日没のそれぞれ1.5時間しか測定できません。実験はすでに終了していますが、有意な信号はありませんでした。

物質に光を当てると、電子が放出される光電効果（フォトエレクトリック効果）が起こります。光の代わりにアクシオンを物質に当てると「アクシオエレクトリック効果」と呼ばれる現象が起き、光電効果と同様に電子が放出されます。この反応を用いた探索では、単相のキセノン検出器であるXMASSが、世界最良の結果を与えました。しかし、残念ながらどの方法によっても、これまでにALPの信号は見つかっておらず、許される質量範囲など、探索可能な領域がだんだんと狭くなっています。

●壁の通り抜け実験

「壁の通り抜け実験」というと、昔の『透明人間』というTV番組の中で、壁を通り抜けて行く場面を思い出します。人間が壁を通り抜けるには、透明人間にでもなる必要がありますが、この実験は、物質に壁を通り抜けさせようという奇術ではありません。

素粒子の世界では、壁を通り抜けるというのは日常茶飯です。貫通性の強いミューは、何mものコンクリートを通り抜けます。ニュートリノは、地球を何光年並べても通り抜けてしまいます。しかし、光は、アクリルでできた壁は通り抜けられても、金属でできた壁は通り抜けられません。でも、壁を通り抜けることができない光を、壁を通過できる別のものに変え、通り抜けた後で元に戻すことができれば、一見光が壁を通り抜けたというように見えます。

強いレーザー光線を磁場の中に通すと、一部がアクシオンに変換する可能性があります。レーザー光は壁で止まりますが、アクシオンは「壁」を通過できるのです。壁の向こう側にも磁場を

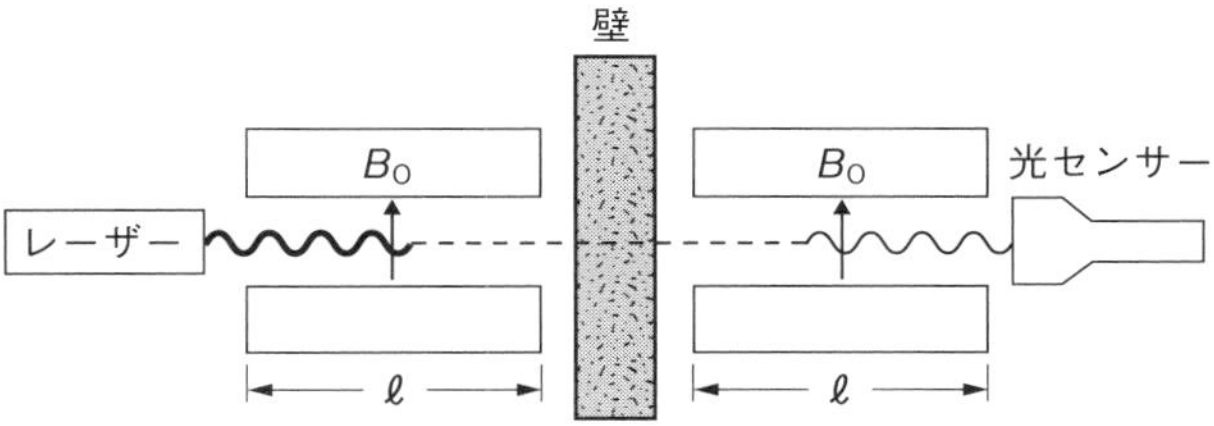

図13.1　壁の通り抜け実験
長さℓの部分には、磁場B_0がかかっていて、電磁場の相互作用からアクシオンが作られる。壁を通り抜けたアクシオンは、その後、磁場の中で光に戻る。

用意しておくと、アクシオンはその磁場の中で光に戻ります。アクシオンが生成されなければ、壁を通過するものは何もないので、壁の反対側には何も起こりません。図13・1に簡単な実験配置のイメージ図を示します。

ドイツに、DESYと呼ばれる素粒子の研究所があります。もともとは加速器の研究所で、電子と陽子の衝突型加速器HERAがかつてあり、陽子の中のクォークの振る舞いを研究していたところです。HERAはもうその使命を終了したので、HERAの電磁石を用いて、壁の通り抜け実験を行うことが考えられました。電磁石といっても全長8・8mもあり、両端から長さ4・3mのパイプが差し込んであります。一端にレーザー光の発射装置があり、その先の4・3mのパイプは磁場の中にあります。突き当たりが光を通さない「壁」で、その先はまた4・3mの磁場となり、その先に光のセンサーがあります。

この研究の計画は２００６年頃から考えられ、最初の結果は２００９年に発表されました。結果は、それ以前の測定に対して、１桁感度が上がりましたが、残念ながら壁を突き抜けてくるものは見つかりませんでした。しかし、工夫によっては感度を大きく改善できることもわかりました。

次期計画であるＡＬＰＳ‐Ⅱと命名された実験が提案され、２０２０年現在、検出器の最終チェックの段階です。数年以内に結果が出ると思います。ＡＬＰＳ‐Ⅱでは、磁場をかける長さを４・３ｍから１００ｍにして、レーザーパワーを増強すること等で、感度の４〜５桁向上を目指しています。この実験では、10^{-3}eV以下の質量領域も探索可能で、もし４〜５桁の感度向上が可能ならば、ＡＬＰのみならず、通常の見えないアクシオンダークマターの存在領域に食い込んでいくことができます。ひょんなことから思わぬ結果が出てくる可能性もあるのです。

13・2　ステライルニュートリノ

最近、ダークマターの候補として名前があがってきたのは、ステライル（sterile）ニュートリノです。日本語では、よく不活性ニュートリノと呼んでいましたが、研究者はあまりなじめず、ステライルとカタカナで書くのが普通になりました。

ニュートリノは弱い相互作用をしますが、このステライルニュートリノは、相互作用をしないニュートリノです。素粒子の標準理論を少し拡張するだけで、モデル内で考えることもできます。３つある世代にそれぞれ１つずつあってもよいし、モデルによっては３つ以上のステライルニュートリノを考えることもあります。

ステライルニュートリノにはあまり制限もありませんので、ｋeV程度の質量を持つものを考えることも可能になります。ニュートリノの質量はeV以下であり、ほぼ光速で飛んでいるので、ニュートリノは熱い（hot）ダークマターです。ＷＩＭＰなどの１００ＧeV～１０００ＧeVの粒子は、冷たい（cold）ダークマターになります。ｋeV程度の質量をステライルニュートリノが持っているなら、ステライルニュートリノは、温かい（warm）ダークマターの候補になります。

ステライルニュートリノは、他の素粒子と全く反応をしないので、宇宙初期でこれまで見てきたような仕組みで作られることはありません。ステライルニュートリノが通常のニュートリノと「混合」しているならば、ニュートリノ振動を通じて、通常のニュートリノとステライルニュートリノが行き来することが可能になります。したがって、ステライルニュートリノも宇宙初期に熱的平衡状態で作られることが可能となります。

ステライルニュートリノの信号として、どのようなものがあるのでしょうか。ステライルニュートリノは何とも反応しません。したがって、ステライルニュートリノが何か信号を出すためには、ステライルニュートリノと通常のニュートリノがニュートリノ振動で入れ替わる必要があります。そして、混合することにより通常のニュートリノが生まれると同時に、二次効果で生じるガンマ線を信号として捉えることができます。

最近、いくつかの天体から、すでにあることが知られているガンマ線以外に、未知の3・5keVのエネルギーを持ったガンマ線が来ているのではないかという話があります。これも、他の観測から矛盾する結果が得られているので、はっきりしたことはわかりません。しかし、これを7keVのステライルニュートリノの信号だと解釈する考えもあります。将来の観測の進展を待つ必要があります。

13・3 ダークフォトン

現在、冷たいダークマター（CDM：Cold Dark Matter）が標準的なモデルですが、実は完璧ではありません。CDMモデルのシミュレーション計算によると、現在の観測では見られていない、銀河より小さいスケールで、たくさんの小さな質量の塊が作られたり、銀河の中心部分に物質が観測以上に集中するなどの結果が出てしまいます。これらの小さなスケールでの構造は、観測結果と矛盾しています。小さい構造を均すためには、ダークマターが冷たいのではなく、よりり速いスピードで飛び回っている必要があります。かといって、ニュートリノのように光速に近い速度で飛んでいる「熱い粒子」では、宇宙の大規模構造すらできなくなってしまいます。したがって、冷たくもなく、熱くもなく、温かいダークマター、あるいは速度の違う何種かのダークマターが混在している必要があるのです。

●温かいダークマター

ダークフォトンは、keVからMeV領域の質量を持つ、温かいダークマターとして考えられています。フォトンを光と訳して、ダーク光、あるいは暗黒光とするとあまりにも想像を掻き立ててしまうので、ここでは英語のdark photonをそのままダークフォトンとカタカナにして説明します。

質量がkeV～MeV程度のダークマターが宇宙初期に熱的に生成されたとし、それらの相互作用を、WIMPが担う弱い相互作用よりもずっと弱くして、より大量に生成されたとすれば、辻褄《つじつま》が合います。このダークフォトンが、我々の世界の通常の光に、非常に小さな割合で結びついていると考えます。平たい言い方をすると、ダークフォトンを「非常に小さな確率」で、通常の光として観測することが可能であるとします。したがって、光として観測できるので、通常の光電効果で飛び出してくる電子をとらえることで、ダークフォトンが観測可能になります。この「非常に小さな確率」は、我々の世界の光とダークな世界の光とを結びつける強さです。どの程度の強さかは、実験的に決める必要があります。

ダークフォトンを捕まえる

ダークフォトンの信号は光電効果によるものですから、単色の電子ということになります。生成される電子のエネルギーは、ダークフォトンの質量に対応しています。実験の技術的な話になりますが、質量（エネルギー）が大きければ、観測されるエネルギーや分解能などの測定精度が高くなり、一般にエネルギーが高い領域では、低いバックグラウンドが達成できるので、感度のよい探索ができることになります。

ダークフォトンで、世界最高感度の探索を行った実験の一つは、第12章で簡単に説明した日本のXMASS実験です。WIMP探索に高い感度を持つ実験では、WIMPの起こす原子核反跳を信号として捉えることになるので、ガンマ線や電子はバックグラウンドとなり、事前に除去してしまう仕組みになっています。XMASSは、ガンマ線や電子を除去する代わりに、外から入ってくるガンマ線や電子を測定標的の外側で減衰させ、観測に使う内部の領域でガンマ線・電子の低い状態を作ります。この有効領域内のバックグラウンドレベルが、世界最高水準に達していたのです。これまで探索が進められていなかった40keVから120keVの間に、そのような信号がないか探索しましたが、残念ながら見つからず、実験の探索可能な範囲にはないことになりました。

まだまだ様々なモデルがありますが、それらを全部説明するのは長くなるので、また別の機会にしましょう。読者の皆さんには、発見前の産みの苦しみの状態が、おわかりになったのではないかと思います。残念ながら、まだ、ダークマターはこれだ、ということは言えないのです。

ここまでお話ししてきたような、「観測」でダークマターを探索しようという努力に加え、非常にエネルギーの高い状態を、加速器を使って作り出し、ダークマターを人工的に作ってやろう、という実験も行われています。例の便利な図12・1の矢印(3)に沿った話です。この方法はこれまで話したこととはかなり性質の違う話となりますので、ページ数の都合もあり、これもまた別の機会に譲りたいと思います。

第14章　尻尾を出さない見えないダークマター

大都会などの人工の明かりに邪魔されない場所にゆくと、我々の目には多くの星が見えます。夜空がきれいな時には、我々の属する銀河、すなわち天の川が見えます。さて、ダークマターは文字通りダークであり、目には見えませんが、仮に薄ぼんやりと見えるものだとしたら、我々の見る星々の中でどのように見えるでしょうか。星と同様に天の川のあたりに強くダークマターが見えるのでしょうか。

　これまで説明してきた、ダークマターの探索をまとめましょう。ダークマターの存在は、多くの人たちが肯定する、疑いの余地のないものですが、重力による作用と宇宙論的な議論によるもの以外では、明確な証拠は得られていません。地球に設置された検出器では、ダークマターの直接的な観測には成功していません。唯一、議論になっているのは、ＤＡＭＡ／ＬＩＢＲＡという実験で、測定データが季節変動を示しています。しかし、他の実験では確認することができていません。

　太陽系の近傍のダークマターでは、太陽や地球に捕獲され、対消滅をしてニュートリノを放出するものがあります。そして、それらのニュートリノは地上に設置された巨大なニュートリノ検出装置で測定することが可能です。しかし、現在のところ何の兆候も得られていません。

　我が銀河をはじめ銀河には、ダークマターがまとわりついていることは、銀河の回転速度から示唆されています。銀河の集まりである銀河団でも重力の影響からダークマターの存在が見えています。

　宇宙論的な議論から、ダークマターを外すことはできません。現在まで、重力に関する議論や宇宙論的な議論からは、間違いなくダークマターが必要とされていますが、それ以外の痕跡を捕まえようとしても、我々の探索努力をいつもすり抜けてしまいます。宇宙論的な議論もその重力による相互作用だけによっているのです。

●捕まえられない運命か

最近、ダークマターは重力でしか通常の物質とは相互作用しないと主張する研究者もいます。重力を含む超対称性理論で予言されるグラビティーノという物質があり、それがこの目的にあっているのかもしれません。そうなってくると、「ダークマターを重力以外で見つける努力」は意味をなさなくなります。その場合、ダークマターは存在しても、重力以外でその存在を〝見る〟ことができなくなります。さらに、（何種類かある？）ダークマター同士では、重力以外の相互作用を持っていて、その作用によりダイナミックな様相を呈するダークマターの世界が存在すると主張する人もいます。まさに、この世にオーバーラップして、ダイナミックなダークの世があるが、この世とダークな世は重力でしか、お互いを感じることができないという考えです。

ただ、実際にそのようなことになっているならば、ダークマターは重力相互作用以外では絶対検出できず、我々実験屋は皆仕事を失ってしまいます。厳密には、ダークマターと通常の物質との相互作用は、自明なことではありません。相互作用すら仮定なのです。

しかし「そんな悲観主義になるにはまだ尚早である」として、ダークマターは非常に弱いかもしれませんが、何らかの形で通常の世界と重力以外の相互作用をしていると考えることにしましょう。

●ダークマターはすぐそこに？

ＷＩＭＰ直接探索の限界は、ニュートリノの床にあると言いました。その床に到達するまで、あと3桁感度向上をすればよいのです。床の下にダークマターが隠れているかもしれません。その場合には、もう駄目だと諦めるか、あるいはもう一歩踏ん張り頑張るかです。踏ん張り方は2通りあると、第12章で言いました。季節変動を調べるか、ダークマターの飛んでくる方向を見ることです。しかしどちらも数を多く貯めないと、発見に至るのは難しいでしょう。ニュートリノの床の下にあったら、別のよいアイデアがなければ、見つけられないと思った方がよいかもしれません。しかしものは考えようです。ニュートリノの床の上にあれば、もう少しで到達可能かもしれません。そうこうしているうちに、どこかで見つかっているかもしれません。

ダークマターがＷＩＭＰ以外だと思えば、可能性は広がります。実際、それは希望ではなく、事実である可能性も日々大きくなっています。理論屋さんは、様々なアイデアを出し続けます。実験屋がそれについて行くことはなかなか大変です。実験屋は、新しいダークマター探索をやる時、まず、検出原理の実証のために小さな計測器を作りテストをするのが通例です。その後、予算要求をして、めでたく「採択」されたら検出器を作り始めます。新しい検出器が動くまで、数年で済めば大変ラッキーなことです。全く新しいものでなくても、手元にある検出器を改造したりして、新たなアイデアに対応することもできます。今は、ダークマター研究の戦国時代で、混沌の世界は続いていますが、実は、研究者にとってやりがいがあり、とても、面白い状況なのではないでしょうか。

第15章 終章――我々はどこにいるのか

ダークマターという謎の物質を視点にして、極大の宇宙と極小の素粒子が結びついていることを話してきました。素粒子の理論は、時を遡って宇宙を探索する時の道具となります。論理的な考察をしなければ、「宇宙の話」は、サイエンスフィクションになってしまいます。しかし、論理のよりどころである素粒子の理論は未完成で、初期の宇宙はわからないことだらけです。

１９２９年のハッブルールメートルの宇宙膨張の発見により、宇宙は高温高密度の火の玉で始まったとされ、その残滓である、３Ｋの宇宙背景輻射の発見により、ビックバン・モデルが標準的な考えになりました。宇宙は、未来永劫不変なものではなく、発展、変化をしてゆくものなのです。

宇宙背景輻射の観測によると、宇宙の温度が3000Kだった頃、すなわち宇宙開闢から38万年経った時、すでにダークマターが存在していたことが示されています。宇宙の物質・エネルギーの27%を占めるダークマターは、その後、星や銀河の創成や大規模構造の形成で主役を演ずることになります。

人類がダークマターの存在を知ったのは、1933年のことです。それから90年近く経ちますが、未だに、重力を通してしか、その影を捉えることはできていません。

ダークマターが何であるかその正体をあばくことが、宇宙と素粒子の両方の観点から大切です。そのため、ダークマターの直接、間接の相互作用を観測しようという試みが、世界中で行われています。ダークマター同士の対消滅から生じる陽電子やガンマ線などの素粒子の探索、実験室で標的をたたくダークマターの探索などが続いていますが、残念ながら、確実な証拠は見つかっていません。

当初ダークマターの最良の候補と言われていたWIMPもその気配がありません。多くの研究者は、別の候補探しに目を向け始めています。一体、ダークマターは何なのでしょうか。そして、いつ見つかるのでしょうか。目が離せないところです。

―― 宇宙の運命

1998年にダーク「エネルギー」が発見されました。ダークエネルギーは、宇宙が加速的に膨張をしていることの証拠です。しかし、その正体もわかっていません。本書では、ダークエネルギーの話は含めませんでしたが、宇宙はわからないことばかりです。ただ、ダークエネルギーの発見で、宇宙の運命がはっきりしてきました。我々は「有限の時」に始まり「無限の時」に放り出されたとでも言ったらよいのでしょうか。ダークエネルギーが描く宇宙の行く末は、周りが消滅してゆく、静寂と暗黒の宇宙です。

宇宙は灼熱の世界から生まれ、永遠に膨張し、そして冷たい暗黒宇宙となります。でもこれは、はるかはるか遠い先の話です。そのはるか前に、地球は、あと50億年ほどで、赤色巨星となる太陽に飲み込まれてしまう運命でしょう。愚かな人類の運命は、もっともっと短いのだと思います。戦争、災害、パンデミック、環境汚染、気候変動、食糧難……。様々な危機が我々の「未来」にあります。

●どうして我々は存在しているのか

ダークマターがなければ、我々は存在していません。バリオンが生成されなければ我々は存在していません。宇宙の構造とその時間的な発展は、ダークマターの量に依存しています。太陽系がなければ、我々は存在していません。地球がなければ、そして、太陽との距離が適切でなければ、我々は存在していません。いくつもの、おそらく、数え切れないほどの偶然が重なって、我々が存在しているのでしょう。どれか一つが少し変わっているだけで、我々は存在していなかったでしょう。

どうして、そんな偶然が起こったのでしょう。因果関係として説明することはとてもできません。こんな時「人間原理」という便利なものがあります。

いくつもいくつも宇宙があって、その一つ一つが様々な条件の組み合わせを持っています。無限大の数の宇宙があれば、条件の組み合わせも無限大です。

その中で偶然人間の誕生に適した条件の組み合わせを持った宇宙に人間が誕生し、その結果、人間自身がその宇宙を認識しているだけなのです。そこに、理由はありません。宇宙を認識できる「もの」が偶然できただけ、いくつもある様々な条件の宇宙の中にたまたま人類が発生する宇宙があっただけ、ということでしょう。認識する主体ができなければ、誰もその宇宙の存在すら認識できません。でも、どうして人間は「今」、すなわち我々の宇宙が誕生した後１３８億年経った「今」に生きているのでしょうか。

マルチバース（多重宇宙）という考えによると、宇宙は多数生成されたことになり、その中の一つが、たまたま人類が誕生する条件をすべて満たしていたということになります。無数にあれば、一つぐらいそのようになってもいいではないか、という考えです。しかし、これは、決して証明できることではありません。意地悪な言い方をすると、わからないことはすべて人間原理にしてしまうことになります。多重宇宙は、あったとしても、我々からは検証・認識されない存在です。

宇宙と人間を考えると、いつも言葉に言い表せない、不思議な感覚にとらわれてしまいます。

〈図・画像クレジット〉

第2章

図2.1：E. Hubble, Proceedings of the National Academy of Sciences of the United States of America, vol. 15, 168p, 1929

第8章

図8.1：V.C. Rubin and W.K. Ford Jr., The Astrophysical Journal, vol. 159, 379 (1970), Fig. 9.

図8.3：Y. Sofue and V. Rubin, Ann. Rev. Astron. and Astrophys., vol. 39, 137 (2001), Fig. 4.

第9章

図9.3：W.N. Colley and E. Turner（Princeton University）, J.A. Tyson（Bell Labs, Lucent Technologies）and NASA/ESA

図9.4：J.A.Tyson et al., The Astrophysical Journal, 498, L107-L110, 1998 から

図9.5：X-ray: NASA/CXC/CfA/M.Markevitch et al.; Optical: NASA/STScI; Magellan/U.Arizona/D.Clowe et al.; Lensing Map: NASA/STScI; ESO WFI; Magellan/U.Arizona/D.Clowe et al.

図9.6：2dF(Two-Degree Field Galaxy Redshift Survey) Collaboration

図9.7：ESA/Planck Collaboration

図9.8：Planck Collaboration:arXiv:1807.06205v2, Fig9

第11章

図11.2：EHT Collaboration

第12章

図12.2：AMS:News, Nov, 2016

【ま行】

【や・ら・わ行】

【な行】

【は行】

【さ行】

【た行】

さくいん

【アルファベット／数字】

【あ行】

【か行】

N.D.C.440　270p　18cm

ブルーバックス　B-2155

見《み》えない宇宙《うちゅう》の正体《しょうたい》
ダークマターの謎に迫る

2020年11月20日　第1刷発行

著者　鈴木洋一郎《すずきよういちろう》
発行者　渡瀬昌彦
発行所　株式会社講談社
〒112-8001　東京都文京区音羽2-12-21
電話　出版　03-5395-3524
販売　03-5395-4415
業務　03-5395-3615
印刷所　（本文印刷）豊国印刷株式会社
（カバー表紙印刷）信毎書籍印刷株式会社
製本所　株式会社国宝社
本文データ制作　ブルーバックス

定価はカバーに表示してあります。

ISBN978－4－06－521688－0

発刊のことば

科学をあなたのポケットに

二十世紀最大の特色は、それが科学時代であるということです。科学は日に日に進歩を続け、止まるところを知りません。ひと昔前の夢物語もどんどん現実化しており、今やわれわれの生活のすべてが、科学によってゆり動かされているといっても過言ではないでしょう。

そのような背景を考えれば、学者や学生はもちろん、産業人も、セールスマンも、ジャーナリストも、家庭の主婦も、みんなが科学を知らなければ、時代の流れに逆らうことになるでしょう。

ブルーバックス発刊の意義と必然性はそこにあります。このシリーズは、読む人に科学的に物を考える習慣と、科学的に物を見る目を養っていただくことを最大の目標にしています。そのためには、単に原理や法則の解説に終始するのではなくて、政治や経済など、社会科学や人文科学にも関連させて、広い視野から問題を追究していきます。科学はむずかしいという先入観を改める表現と構成、それも類書にないブルーバックスの特色であると信じます。

一九六三年九月　　野間省一